HTML5 游戏开发技术——Egret Engine

辛子俊　林雪莹　编著

中国水利水电出版社
www.waterpub.com.cn
·北京·

内 容 提 要

本书以案例教学的方式,讲解了如何使用白鹭引擎(Egret Engine)及配套工具开发 HTML5 游戏。案例由简至繁,选取了当前应用领域常见的摇奖游戏、卡牌游戏、平台游戏、塔防游戏 以及在线聊天应用,讲解了白鹭引擎支持图形图像、多媒体、交互与事件、粒子特效、EUI、 物理引擎、人工智能及网络通信等方面的功能,讨论了程序开发时的调试、面向对象设计、设 计模式及应用程序框架等应用方法。本书最后介绍了实际项目开发中的一些应用技巧。

本书适合从事 HTML5 开发的初级技术人员,也可供 HTML5 开发培训机构参考。

本书提供所有案例的完整源代码,读者可以从中国水利水电出版社网站以及万水书苑上 免费下载,网址为:http://www.waterpub.com.cn/softdown/和 http://www.wsbookshow.com/。

图书在版编目(CIP)数据

HTML5游戏开发技术 : Egret Engine / 辛子俊, 林
雪莹编著. -- 北京 : 中国水利水电出版社, 2017.10(2021.1重印)
ISBN 978-7-5170-5934-9

Ⅰ. ①H… Ⅱ. ①辛… ②林… Ⅲ. ①超文本标记语言
—游戏程序—程序设计 Ⅳ. ①TP312

中国版本图书馆CIP数据核字(2017)第251254号

策划编辑:石永峰   责任编辑:封 裕   加工编辑:张溯源   封面设计:李 佳

书 名	HTML5 游戏开发技术——Egret Engine HTML5 YOUXI KAIFA JISHU——Egret Engine	
作 者	辛子俊 林雪莹 编著	
出版发行	中国水利水电出版社	
	(北京市海淀区玉渊潭南路 1 号 D 座 100038)	
	网址:www.waterpub.com.cn	
	E-mail:mchannel@263.net(万水)	
	sales@waterpub.com.cn	
	电话:(010)68367658(营销中心)、82562819(万水)	
经 售	全国各地新华书店和相关出版物销售网点	
排 版	北京万水电子信息有限公司	
印 刷	三河市鑫金马印装有限公司	
规 格	184mm×240mm 16 开本 13.5 印张 300 千字	
版 次	2017 年 10 月第 1 版 2021 年 1 月第 3 次印刷	
印 数	4001—5000 册	
定 价	35.00 元	

编委会

前　　言

在临近本书截稿日期时，我们看到了一则既欣喜又烦恼的新闻——Egret Engine 5.0 正式发布了。高兴的是，Egret Engine 依然紧紧跟随着最新的 Web 技术的更新而不断升级，为广大使用者提供了最迅捷可靠的支持；烦恼的是，整本书都是围绕着 Egret Engine 4.x 编写的，这是不是意味着本书会有大量的工作需要调整，或者刚出版就变成了一本过时的书了呢？可喜的是，Egret Engine 的升级充分考虑了 4.x 版本的使用者，我们几乎没有进行调整，就将书中的案例顺利地升级到了最新版本。白鹭时代公司的工作人员为此做了许多工作。

本书是一本针对初学者入门及提升的书籍，旨在以案例教学的方式，讲解如何使用 Egret Engine 开发各类常见的 HTML5 游戏，使读者掌握游戏开发的思维方式和相关知识。本书有意弱化了对概念、定义的精确描述和堆叠，避免了很多初学者面对陌生的技术名词时产生恐惧和障碍心理（这在我们以往的教学经历中见到过很多）。在游戏开发学习阶段，有效地理解游戏开发逻辑并进行逻辑思考和组织是最重要的，在本书中我们尝试通过"视觉化思考图"的方式来引导初学者有目标地进行实践学习，这在之前的教学过程中取得了不错的效果。如果读者没有太多的开发经验，那么强烈建议按照书中的方法，在编码前用纸和笔进行实践。

读者对象

本书针对的是对 HTML5 游戏开发或应用开发感兴趣的初学者。不论是手机页游、微信游戏还是 APP 游戏，也不论你是没有任何编程开发经验的新手还是跨领域的开发学习者，这本书都会为你学习 HTML5、Egret Engine 和游戏开发带来帮助，并为进一步实践和提升指出了方向。

本书内容

第 1 章介绍 HTML5 及 Egret Engine 的基础知识和行业应用背景，以及如何使用本书。

第 2 章通过经典的"Hello World"项目，讲解开发的准备工作、HTML5 运行机制以及项目分享，学习 TypeScript 的入门知识。

第 3 章通过摇奖游戏制作，讲解如何使用多媒体元素、如何制作特效，并了解互动程序的开发机制。

第 4 章通过卡牌游戏制作，讲解如何开发各类游戏界面。

第 5 章通过动作类平台游戏开发，讲解如何在开发中使用物理引擎以及游戏调试方法。

第 6 章通过塔防游戏开发，讲解面向对象编程、MVC 设计模式、人工智能等开发过程中的概念。

第 7 章通过开发基于网络的多人聊天程序，讲解网络编程、开放平台及微信应用的开发原理。

第 8 章讲解在游戏开发中一些实际问题的解决技巧、跨平台开发以及学习路径。

致谢

在此我要特别感谢亦师亦友的黄石老师的指导，他为本书做了精准定位；感谢白鹭时代公司的段少婷、杨行、张宇、张鑫磊给予的技术支持，你们的包容与支持让我们编著团队能够更有信心地在撰稿过程中做出创新性尝试；感谢林雪莹一直以来的默契配合和认真负责的编写态度。

编　者

2017 年 8 月

目　　录

第 1 章　认识当代互联网核心技术——HTML5

本章要点

- HTML5 与游戏开发
- HTML5 与 Egret Engine 的关系
- 如何更有效地使用本书

1.1　为什么使用 HTML5 开发游戏

毋庸置疑，"HTML5"一词已经在全世界互联网领域大红大紫。成千上万的开发者积极地拥抱这一技术革新，互联网、传媒、文化企业也频繁地使用 HTML5 作为自己产品、业务的卖点。一个开发领域的技术名词在短时间内红遍了开发者领域以及商业领域，这在互联网历史中并不常见。随着移动互联网的飞速发展，HTML5 带来的变革已经影响到了全世界数十亿的互联网用户。因此学习 HTML5 的开发，是当今乃至未来相当长的一段时间里，开发者的必修课程之一。

学习任何一门开发语言都不是一件容易的事。在网络上和书店里，你可以找到非常多关于 HTML5 的百科材料，或是像字典一样厚的技术丛书。这些材料和书籍对于具有一定开发经验的人来说是非常实用的，因为在开发过程中只需要快速地查阅自己所需要的部分内容，阅读 API 文档，即可利用经验解决问题。

然而，根据在教学过程中的经验，这样查字典式的学习并不适合初学者。特别是当一位读者满怀兴趣地翻开第一页，读完一章后发现自己一直在尝试理解各种精确、专业的概念，而仍然不知道自己如何开始时，内心会建立起很高的学习门槛，从而阻碍了其继续学习。

本书中我们在每一章都选择了接近实际应用的案例，并且会先介绍如何快速地将应用搭建起来，然后再回过头来讲解案例中用到的相关知识。重点展示游戏开发中的设计思路及技术要点，并且逐步深入。我们希望能带给读者的，是经典游戏类型的设计思路，以及如何通过掌握的知识去解决问题和深入学习。我们希望通过这样的方式更有效地让初学者保持兴趣及成就感，毕竟兴趣才是最好的老师。当然这也得益于我们在开发中选择了一款易用、完善的白鹭引擎（Egret Engine）及配套工具。

HTML5 的定义："万维网的核心语言、标准通用标记语言下的一个应用超文本标记语言（HTML）的第五次重大修改（这是一项推荐标准）。"对于初学者，这句话中或许有很多难懂的词汇。请不要担心，作为 HTML5 的使用者，对定义的理解程度并不会对开发学习造成任何影响，在本书中我们会适时地对 HTML5 的定义做进一步解释。

需要补充说明的是，HTML5 并不是作为一项单一的技术语言在使用。作为 Web 开发，需要"HTML + CSS + JavaScript"三种语言甚至更多的综合应用，严格地说，HTML5 只是其中的一个部分。而在当今不论是商业领域还是开发者圈子都非常频繁地用"HTML5"开发来替代"HTML + CSS + JavaScript"的描述，这已经约定俗成，在本书中我们保留这一习惯。

1.1.1 游戏！游戏！

游戏是网络世界中最受关注的产品类型之一！越来越多的企业、个人开发者都投入其中，不论是追求商业收益，还是个人表达，游戏都是一个完美的载体。移动互联时代，除原生手机应用外，HTML5 游戏在益智游戏、社交游戏等轻度玩家游戏中迅猛发展，成为了新兴力量（见图 1-1）。另外，不少开发工具已经允许开发者使用 HTML5 技术生成原生 APP 应用（Egret Engine 就是其中之一），进一步拓展了 HTML5 技术的使用领域（见图 1-2）。

图 1-1　HTML5 游戏——围住神经猫

图 1-2　白鹭游戏中心

1.1.2 微信中的应用和小程序

微信是国内排名首屈一指的"超级 APP"。之所以能取得今天的成绩，与其在 APP 中允许传递和分享基于 HTML5 技术的网站和应用，以及使用了开放平台技术，产生了千姿百态的微信应用密不可分。基于微信开放平台进行的网站应用开发、公众账号开发、第三方平台开发，均使用了 HTML5 技术。具体应用如图 1-3 和图 1-4 所示。

图 1-3　微信中的 HTML5 应用

图 1-4　在微信中分享

微信最新推出的微信小程序，同样支持 HTML5 技术开发，我们会在本书的第 8 章进行介绍。

1.1.3　全平台的 HTML5 应用

HTML5 技术是一项 Web 技术，这决定了其具有优秀的跨平台特性，如图 1-5 所示，除了在移动端的应用之外，HTML5 技术在当今 PC 平台响应式 Web 网站、基于网页的应用等诸多领域都有丰富的应用。

图 1-5　HTML5 可以在全平台运行

1.2　Egret Engine 与游戏开发

1.2.1　如何学习游戏开发

　　游戏开发属于软件开发中的一个重要分类，与其他软件开发相比，游戏开发涉及架构、算法、数据库、网络、人工智能、图形学等领域的知识，游戏开发者常常会同时使用多种技术和软件，才能够完成一款游戏的开发，综合性非常强。

　　在游戏开发教学过程中，我们发现很多处于学习阶段的开发者，容易快速地沉溺于具体技术的细节开发中去，恨不得马上开始写代码，并且在写代码的过程中边想边改来推动项目的完成。我们并不赞成这样的学习方式，快速地落到代码的编写层面确实能够让学习阶段的开发者快速地获得成就感，但会使人忽略对整个项目的全局设计和思考，不仅有可能使项目在进行过程中发生很难查找和修正的错误，也不利于把已经学到的知识向新的游戏项目迁移。

　　有没有一种方法可以让我们更迅速地发现问题，更直接地理解问题？这就是把思考用画图的方式呈现出来——视觉化思考。本书中会介绍一种对于游戏开发的视觉化思考的方法，用于克服因为使用软件而陷入编码细节以致忽略整体设计思考的问题，这种方法在我实际教学当中取得了不错的效果。这需要在每一章开始前，预先准备好铅笔、橡皮以及一张 A4 大小的白纸。我们会一起在纸上完成游戏项目的视觉化思考图（见图 1-6）。

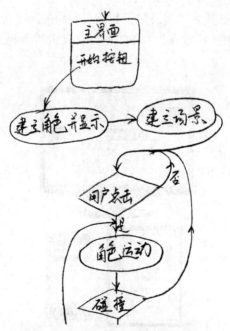

图 1-6　游戏项目的视觉化思考图

用画图来完成开发设计思考与艺术才能没什么关系，我们强调这一点，是因为在教学过程中，有一些开发者会说诸如"等等，这不适合我，我画画很难看""有很多流程图软件可以画图，我可以用这些软件来完成更专业更规范的图"之类的话。但不论你怎么认为，我们都强烈建议初学者一开始一定要学着用手在纸上画图，用手能画出比鼠标更好的图。

手绘图更容易修改。思考是具有流动性的，画图的过程中，错误时有发生，能够随时改动非常重要，这能够保证我们思考的流动性。计算机太容易画错，大多数绘图软件都有内置的制图功能，并假设使用者能够准确地知道哪种图表对于表达我们的想法是有用的，但这种假设通常都行不通，在用鼠标制图的过程中，容易不知不觉地让思考变得不连贯。究其原因，是因为我们当中的大部分人并没有有效地训练过用鼠标和软件来表达自己的思考，可是我们从小一直在训练用笔来表达自己的想法。写字、画画都是这样。当你拿起笔在纸上画图时，我们相信你会体会到不一样的思考的快感，这能帮助你更有效地学习游戏开发设计。你也可以把这种方法用到基于任何技术的游戏开发乃至软件开发中去。

1.2.2　为什么使用 Egret Engine

Egret 移动服务解决方案包含了开源免费的 HTML5 引擎、开发工具集、动画特效制作工具、多平台打包发布工具，以及支持多渠道的开放平台等。对于初学者，Egret Engine 提供了非常完善的支持，不用去下载多款软件并进行复杂的配置，它已经为你做好了这一切；对于进阶开发者，白鹭引擎同样提供了完善的解决方案，可以很快地实现作品的商业化。

1.2.3　Egret Engine 还可以做什么

游戏开发是软件开发中的一类。在 Egret Engine 工具集的支持下，同样可以进行其他类型软件的开发和学习，包括网络广告、网站、手机 APP、网络动画、软件工具等。

1.3　如何使用本书

1.3.1　如果你是游戏开发新手

如果你是没有任何开发经验的初学者，我们建议你按照本书的目录从前往后顺序阅读每一章节，尝试在纸上完成你的视觉化思考并作图，然后在计算机上自己动手去编写每一个案例，调试并运行它，之后根据文中的讲解，尝试修改、扩展你的案例，并把它分享给你的朋友们。

我们在网站（http://www.waterpub.com.cn/softdown/和 http://www.wsbookshow.com/）上提供了所有案例的源代码，不过建议不到万不得已不要因此而不去实践自己编程的过程。

1.3.2　如果你有开发经验

如果你有过任何编程语言的开发经验而希望更快速地进入 HTML5 开发领域，我们建议你选择感兴趣的案例章节直接阅读并实践。我们在每章的一些知识点后会有类似下面形式的注解：

　　说明：说明内容。

　　此部分我们会深入解释 HTML5 在开发中与面向对象体系的编程语言（例如：C++、Java、ActionScript 等）以及非面向对象编程语言（例如：JavaScript 等）的区别及注意事项。同时读者可以直接从网站（http://www.waterpub.com.cn/softdown/和 http://www.wsbookshow.com/）下载源代码，以便更快地理解在项目组织等方面的内容，更迅速准确地解决问题。

1.3.3　获取相关网络资源

　　白鹭时代公司的官方网站提供了非常丰富的开发者资源及社区，读者可以到 http://www.egret.com/网站了解详细情况。

第 2 章　就这么简单——10 分钟开发一个 HTML5 应用

本章要点

● 　开发前的准备工作
● 　Egret Engine 和 Egret Wing 入门
● 　分享作品
● 　TypeScript 基础

2.1　开发前的准备工作

"工欲善其事，必先利其器"，对于游戏开发来说同样如此。一个完整的游戏，从策划、设计、开发、调试、运行到发布，整个过程中需要使用到的软件多种多样，涉及不同软件的资源整合、兼容性等问题，无形中给游戏创作者带来各种各样的困难。

Egret Engine 做了一件了不起的工作。Egret Engine 除了为开发者提供了一个高效的适合游戏开发的引擎外，还为游戏创作者提供了一系列简单易用的工具，包括用于游戏开发、调试及发布的 Egret Wing、用于动画创作的 DragonBones、用于创作粒子特效的 Egret Feather 等。所有的工具都基于 Egret Engine 工作，这可以解决相互之间兼容性的问题，系列工具集有效地支撑了游戏创作的整个流程，使初学者能够快速入门，降低了学习成本。当然，还有一个重要的因素：Egret 是免费开源的。

本书中我们主要使用的工具是 Egret Wing。Egret Wing 作为一个提供了集成可视化游戏开发环境的游戏开发工具，覆盖了包括开发、调试、发布在内的整个游戏开发流程，同时具备资源管理、版本控制等辅助功能，使游戏开发学习者无需在多种软件之间切换，从而可专注到游戏开发本身的学习中来。

2.1.1　软件下载

打开 Egret 官方网站 https://www.egret.com/downloads/engine.html，选择需要的 Egret Engine 版本进行下载，Egret Engine 有 Windows 和 Mac 版本（本书案例可以使用的是 Windows 系统的 Egret Engine 4.x 或 5.x 版本），请读者根据自己的操作系统选择相应的版本下载。

2.1.2　安装配置

双击下载到的 EgretEngine.exe，程序将会自动开始安装。

点击右下角的"自定义"按钮可以打开"自定义"菜单，设置安装语言和安装路径，确认是否添加桌面快捷方式并查看用户协议。安装界面如图 2-1 所示。

图 2-1　安装 Egret Engine

确认改动后点击"立即安装"按钮开始安装。安装界面如图 2-2 所示。

图 2-2　安装界面

2.1.3 软件界面

引擎安装完成后点击"立即运行"按钮，进入 Egret Engine 引擎管理界面，如图 2-3 所示。

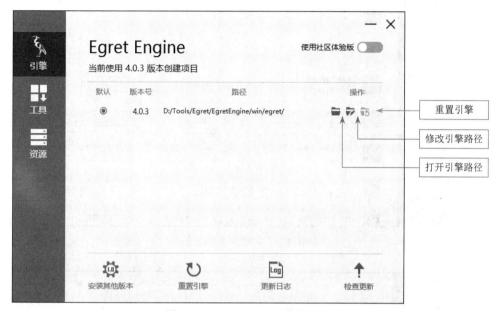

图 2-3 Egret Engine 引擎管理界面

打开 Egret Engine 可以看到"引擎""工具"和"资源"三个选项卡。

1. "引擎"选项卡

它负责管理引擎的版本，对引擎进行安装、重置和更新。

主界面中可以看到当前安装的版本号和安装路径，"操作"标签下的三个按钮从左到右依次表示打开引擎路径、修改引擎路径和重置引擎。

使用社区体验版：打开它可以检查是否有最新的社区体验版引擎。如果有可以选择更新。

2. "工具"选项卡

在此选项卡下可以安装和管理 Egret 官方工具。在"已安装"模块处可以打开或者更新工具，在"未安装"模块处可以选择下载想要的工具，如图 2-4 所示。

3. "资源"选项卡

在此选项卡下可以了解更多 Egret 引擎信息，如图 2-5 所示。

（1）官方网站：访问 Egret 官网，查看 Egret 新闻，浏览产品等。

（2）文档中心：访问 Egret 教程视频、示例和文档。EDN（Egret 开发者中心）是为了更好地服务 Egret 开发者而建立的。用户可以在 EDN 找到各种示例、视频、FAQ 和大量文档、API 及其用法。

图 2-4 "工具"选项卡

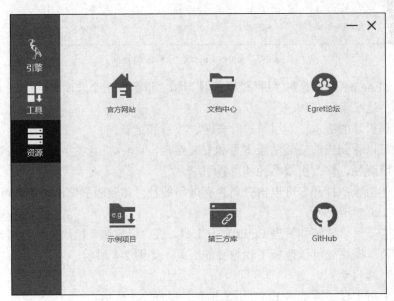

图 2-5 "资源"选项卡

（3）Egret 论坛：访问 Egret 社区。Egret 社区是一个开放式的 HTML5 游戏开发交流社区，我们致力于为大家提供更好的交流环境，帮助开发者解决 HTML5 游戏开发中的种种技术问题。

至此，Egret Engine 已经完成安装。

说明：Egret Engine 作为一个游戏引擎，与我们常见的有标准界面的应用软件（如 Word、Excel 等）有所不同。Egret Engine 实际上是提供给我们开发和运行 Egret 对应程序的一个基本要件，在做任何与 Egret Engine 开发相关的工作前，我们需要确保使用的计算机上已经安装了 Egret Engine。高级开发者可以选择非 Egret 官方提供的其他工具进行开发。图 2-3 至图 2-5 只是白鹭时代公司官方提供的一个工具和资源管理入口界面，并不是 Egret Engine 的界面。

我们使用的另一个工具 Egret Wing 可以在"工具"选项卡中找到（本书以 4.0.3 版本为例），点击选择"下载"之后进行安装即可。至此，软件需要做的所有准备工作已经就绪。

如果曾经使用 Eclipse、Visual Studio 等其他工具做过开发，就会发现安装完成后，不需要对开发环境、环境参数等做任何其他的配置，就可以立刻开始进入开发阶段了。白鹭时代公司在这方面考虑得非常周到，大大降低了学习难度和不必要的成本。

2.2　开发"Hello world"应用

本书的范例是以 Egret Wing 4.x 为主要开发工具讲解的，接下来，我们将完成一个"Hello World"程序。

"Hello world"程序是指在计算机屏幕上输出"Hello world!"这行字符串的计算机程序，世界上的第一个程序就是"Hello World"，由 Brian Kernighan 创作。这也是学习各种编程语言的第一课。下面我们开始实践"视觉化思考"这个方法。

我们的任务目标是在计算机屏幕上输出"Hello world!"。根据之前对 HTML5 的了解，从基本逻辑上我们拆解为以下几个步骤：

（1）告诉计算机，我们要输出的内容，即文字"Hello world!"。

（2）运行我们的程序，在屏幕上显示"Hello world!"。我们知道 HTML5 是基于网络浏览器的，因此具体的做法应当是在浏览器中输入我们开发应用的网址，然后在打开的网页中显示"Hello world!"字样。

（3）把完成的程序告诉家人、朋友，让他们看到自己的作品。

我们把这三个步骤用铅笔画到纸上，如图 2-6 所示。读者也可以根据自己的逻辑组织，用自己的符号完成它。

图 2-6　视觉化思考步骤

在本节任务中,后面的两个部分(在浏览器中呈现以及分享给朋友)都很重要。对于开发的部分,我们需要完成将"Hello world!"通过计算机呈现到浏览器上。图 2-6 中的三个箭头代表了开发"Hello world"应用的主要工作。后面几章的图我们会更多地集中在开发部分。

在接下来的学习实践过程中,希望读者在每个主要步骤完成后,都回过头来检视这张图(图 2-6),保持在整个学习过程中的大局观。如果有修改和调整,也应先在这张图上修改和调整。

在学习本书后面几个章节时也同样,希望在开始之前,先尝试自己作图,再和书中给出的图比较,并在学习过程中不断地检视自己的图纸与开发的关系。相信这能够有效地帮助读者学习。

2.2.1 新建项目

打开 Egret Wing,在菜单栏中选择"文件"→"新建项目",如图 2-7 所示。

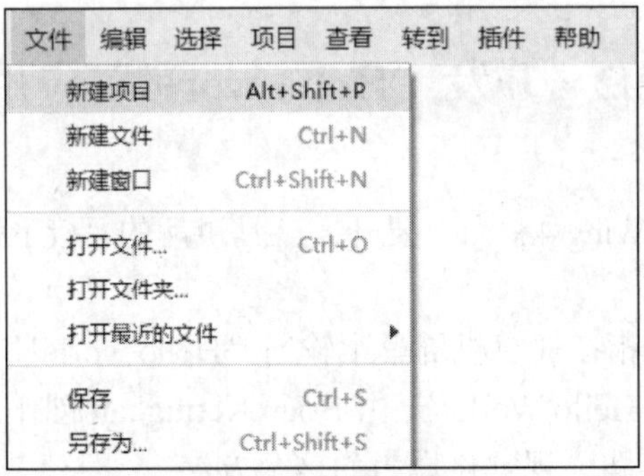

图 2-7 新建项目

在弹出的下拉菜单中选择"空 Egret 项目",如图 2-8 所示。

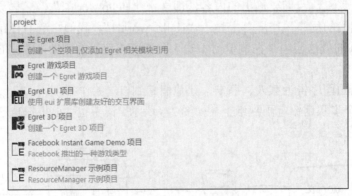

图 2-8 新建空 Egret 项目

在弹出的对话框中设置项目名称、项目路径,根据项目需要选择合适的扩展库(在当前的例子中不需要勾选其他扩展库),如图 2-9 所示。

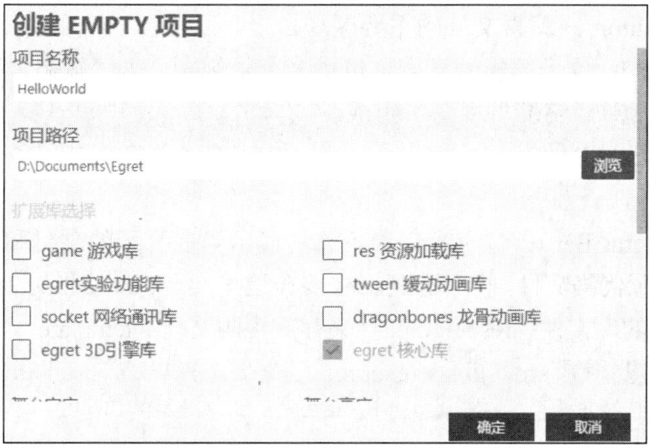

图 2-9　新建空项目对话框

向下拖动滚动条，设置舞台的宽度为 480 像素，高度为 800 像素，背景色为灰色；设置缩放模式为 showAll，即保持原始宽高比缩放应用程序内容；旋转设置为 Auto，即随着屏幕自动旋转舞台。点击"确定"按钮，创建项目。

Egret Wing 窗口（如图 2-10 所示）主要由以下几个部分组成：

图 2-10　Egret Wing 窗口

- 菜单栏（Menu Bar）：可以通过菜单栏执行一些常用命令。
- 左侧栏（Side Bar）：位于编辑器左侧，由多个子视图（如"文件"视图、"搜索"视图、Git 视图、"调试"视图）组成。

- 编辑器（Editor）：编辑文件的主要区域。
- 面板（Panel）：位于编辑器下方，也由多个子视图（如"输出"视图、"调试"视图、"错误"视图、"终端"视图）组成。
- 右侧栏（Utility Bar）：位于编辑器右侧，由多个子视图组成，子视图目前可以通过插件 API 扩展。
- 状态栏（Status Bar）：位于窗口最下方，显示当前打开的项目和文件的一些信息。

src 文件夹存放源代码文件，程序的逻辑主要在这里实现；bin-debug 文件夹存放调试代码；libs 文件夹存放引用的库文件；resource 文件夹存放资源文件；template 文件夹存放网页模板文件。在编写程序时主要用到 src、libs、resource 三个文件夹。

2.2.2 运行项目

在菜单栏中选择"项目"→"调试"编译运行，如图 2-11 所示。

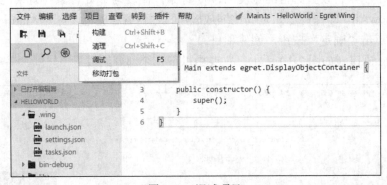

图 2-11 调试项目

系统会打开 Egret Wing 内置播放器进行调试，调试窗口如图 2-12 所示。

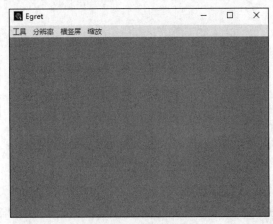

图 2-12 调试窗口

也可以切换调试方式，在菜单栏中选择"查看"→"调试"，在左侧栏的"调试"下拉列表中选择"使用本机 Chrome 调试"，如图 2-13 所示。

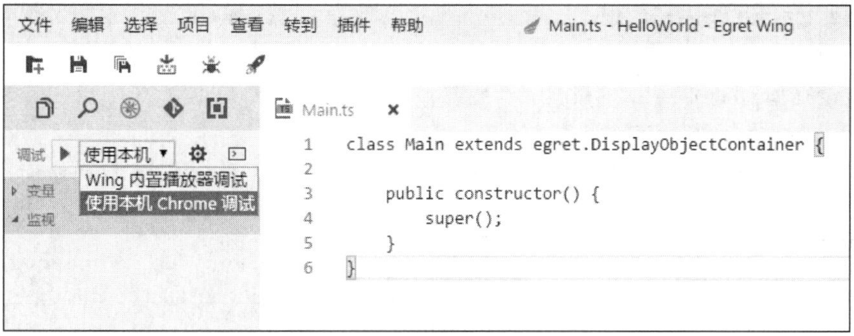

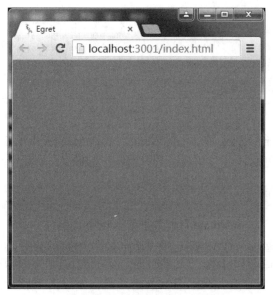

图 2-13　切换调试方式

点击"调试"按钮，系统会自动打开浏览器窗口显示项目运行结果，如图 2-14 所示。

图 2-14　调试窗口

在浏览器地址栏中，我们可以看到 http://localhost:3001/index.html 这个地址。

2.2.3　编辑项目内容

接下来我们对项目进行内容编辑。

像所有的开发语言一样，总有一个入口，整个程序都从这里开始启动。Egret 程序是将一个被称为文档类的类作为入口的。文档类是可以配置的，每个 Egret 项目的根目录下都有一个

index.html 文件，它是项目的入口文件，如图 2-15 所示。在这里我们不仅可以配置入口类，还可以修改各个配置，引擎会自动从 index.html 中读取项目所使用的各个配置信息。

图 2-15　项目入口文件

图 2-15 中的 data-entry-class 默认值为 Main，就是 Main.ts 中所定义的类 Main。我们可以根据自己的需要修改（通常不建议修改），只要确保 index.html 属性值所指定的类名在项目中有定义即可。

1. 入口函数

打开 Main.ts 文件，在 constructor() 函数里输入以下代码：

```
this.addEventListener(egret.Event.ADDED_TO_STAGE,this.onAddToStage,this);
```

这行代码表示当 onAddToStage 方法执行时，文档类实例已经被添加到舞台中。

说明：Egret Wing 有非常方便的代码提示功能，当输入"."之后，可以看到该对象下的所有中文方法和属性。可以查看方法的参数和使用说明、属性的默认值、版本等，以便用户使用。

2. 绘制一个单色背景

下面我们编辑 onAddToStage 函数的内容，绘制一个蓝色背景。

在 onAddToStage() 函数里添加如下代码：

```
var bg: egret.Shape = new egret.Shape();
```

首先建立一个 egret.Shape 对象 bg，这是由于 egret.Shape 类有图形绘制功能。

Egret 官方提供的类都是在 egret 包内的，后面为了方便表示，我们会省略包名，直接用

Shape 表示 egret.Shape，其他类也一样。

创建好对象后，开始绘制：

```
bg.graphics.beginFill(0x336699);
    bg.graphics.drawRect(0,0,this.stage.stageWidth,this.stage.stageHeight);
bg.graphics.endFill();
```

Shape 类中有 graphic 属性，其专门负责图形绘制的工作。第一行代码：在绘制前，需要定义图形的填充颜色，我们设置一个偏蓝的颜色，颜色值用十六进制的 RGB 颜色的组合来表示，用 beginFill 来设置填充颜色。第二行代码：用 drawRect 来绘制矩形，参数分别表示起点坐标和矩形的宽度、高度。我们要绘制的背景要刚好覆盖整个舞台，所以从 this.stage 中获得。类似的绘制函数还有 drawCircle 等，可以绘制不同的简单形状。第三行代码：endFill 用来结束绘制工作。

到这里，一张与舞台同样大小的蓝色矩形已经准备好，但接下来我们还需要将其添加到显示结构中，才可以在运行时显示出来，添加代码：

```
this.addChild(bg);
```

addChild 是 Egret 引擎操作显示列表最常用的一个方法，可将某个显示对象添加到某个显示容器上。

3. 显示文字

接下来，我们显示一段简单的文字，比如"Hello world!"。

添加代码：

```
var tx: egret.TextField = new egret.TextField();
tx.text = "Hello world!";
tx.size = 32;
```

创建一个文本对象 tx，设置文本的内容是"Hello world!"，文本大小为 32。

```
tx.x = (this.stage.width - tx.width) / 2;
tx.y = (this.stage.height - tx.height) / 2;
this.addChild(tx);
```

设置文本对象的 x 坐标和 y 坐标。在 Egret 中，设置坐标是以锚点为基准的，锚点默认位于显示对象的左上角。设置 x、y 坐标为舞台的中心。我们也可以根据需要设置锚点的位置。在 Egret 中，我们可以对文字进行更复杂的设置，比如设定颜色、字体、加粗、斜体等。

同样，将文本对象添加到显示容器上。

运行项目如图 2-16 所示，可以看到绘制的蓝色矩形背景和文字。

4. 调整配置

也许我们还想修改网页名或者修改适配方式，打开 index.html，修改配置信息，如图 2-17 所示。

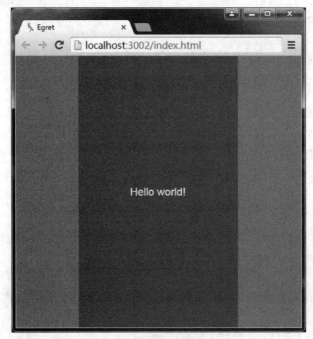

图 2-16　运行项目

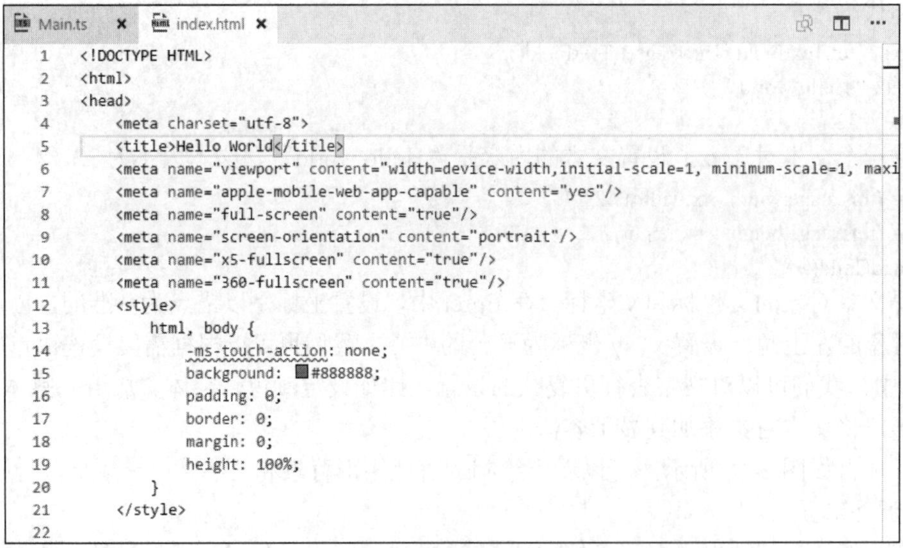

```html
1   <!DOCTYPE HTML>
2   <html>
3   <head>
4       <meta charset="utf-8">
5       <title>Hello World</title>
6       <meta name="viewport" content="width=device-width,initial-scale=1, minimum-scale=1, maxi
7       <meta name="apple-mobile-web-app-capable" content="yes"/>
8       <meta name="full-screen" content="true"/>
9       <meta name="screen-orientation" content="portrait"/>
10      <meta name="x5-fullscreen" content="true"/>
11      <meta name="360-fullscreen" content="true"/>
12      <style>
13          html, body {
14              -ms-touch-action: none;
15              background: #888888;
16              padding: 0;
17              border: 0;
18              margin: 0;
19              height: 100%;
20          }
21      </style>
22
```

图 2-17　修改配置信息

修改 title 标签下的内容为"Hello World"，修改生成的网页名。

找到 div 标签可以看到一些配置属性，如图 2-18 所示。将 data-scale-mode 等号右边的内容修改为 noBorder（保持原始宽高比缩放应用程序内容，缩放后应用程序内容的较窄方向将填满播放器视口，另一个方向的两侧可能会被裁切）。在这个标签下还可以设置屏幕翻转、帧率、舞台大小等。

```
📄 Main.ts        📄 index.html ●
38    </head>
39    <body>
40
41        <div style="margin: auto;width: 100%;height: 100%;" class="egret-player"
42            data-entry-class="Main"
43            data-orientation="auto"
44            data-scale-mode="noBorder"
45            data-frame-rate="30"
46            data-content-width="480"
47            data-content-height="800"
48            data-show-paint-rect="false"
49            data-multi-fingered="2"
50            data-show-fps="false" data-show-log="false"
51            data-show-fps-style="x:0,y:0,size:12,textColor:0xffffff,bgAlpha:0.9">
52        </div>
```

图 2-18　配置属性

重新运行，发现蓝色背景已经可以占满浏览器屏幕，如图 2-19 所示。

图 2-19　运行项目

至此，"Hello World"项目已经建立完成。

2.3　把应用发布到网络上

对于新手，会有一些很常见的问题，例如怎样才能在手机上看到开发的应用，怎样让朋友们看到新做的作品等。很多书籍会把这个部分放到最后，或者从网络拓扑和网络协议开始讲起，虽然很严谨，但大量的概念容易让初学者产生畏惧和混淆。所以我们选择从一个更易于实践的角度来讲述这个问题。

步骤一：按 2.2 节的步骤，在 Egret Wing 中运行应用。成功的话，可以看到如图 2-20 所示的内容。

图 2-20　运行成功

步骤二：点击计算机屏幕的"网络连接"图标，出现"属性"对话框，点击"详细"按钮，查看本机的 IP 地址。

步骤三：确保手机与计算机连接的是同一个 WiFi。

步骤四：打开手机浏览器，输入 http://IP 地址（3001/index.html）并确定。

如果以上步骤都顺利的话，应该可以在手机的浏览器中看到"Hello world"应用了。

HTML5 应用在网络中的结构，不论是互联网还是局域网，都好像是火车总站与各目的地站点的关系，即总站与分站之间有固定的连接，并且彼此知道准确的位置和线路，我们称之为"星型拓扑"结构，其结构如图 2-21 所示。

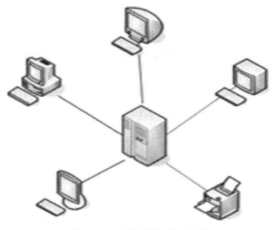

图 2-21　"星型拓扑"结构

我们确保手机与计算机连接，是保证了手机与计算机在同一个网络内，而 IP 地址则是设备准确的位置。即计算机好似火车的总站，手机通过 IP 地址，向总站发出信息，并沿路得到了回馈。如果在同一个 WiFi 网络内还有其他的手机或计算机，我们可以用同样的方法来访问刚才完成的 HTML5 应用。

2.4　TypeScript 基础

TypeScript 可以让我们用一种更易于学习的方式编写和维护 JavaScript，同时也是 Egret Engine 的首选开发语言。不论是编程的新手，还是有编程经验的开发者，TypeScript 都是一门可以很快上手使用的语言。

如果你认为 TypeScript 是一门"小众"语言而对其适用性有担心，这是完全没必要的。在我们的开发过程中曾使用过 C、C++、ActionScript、JavaScript 等，使用不同的语言更多的是因为项目的实际需要，例如发布环境、工作基础等。一旦熟悉了软件应用的体系，我们就会发现语言的选择并不是一件需要特别纠结的事，我们在项目中都可能遇到需要同时处理多种语言的情况，而实际上每一门语言在实践时（特别是入门到初级阶段）都是大同小异的。TypeScript 在设计上沿用了现代编程中很多成熟的思想，是一门值得学习和实践的编程语言。

2.4.1　TypeScript 简介

TypeScript 是由微软开发的自由和开源的编程语言。读者如果学习过 Java、C#或 ActionScript 语言，那么在接触 TypeScript 时会非常容易上手，它在 ECMAScript 6 基础上同时参考借鉴了 C#和其他语言的优势。

TypeScript 的优势：

- 支持 HTML5。我们可以将所编写的 TypeScript 代码直接编译成 JavaScript 代码运行至浏览器当中。

- 采用面向对象编程思想。
- 兼容 JavaScript。可以在 TypeScript 代码中直接编写 JavaScript 代码，在编译过程中 JavaScript 代码可以完美还原到 JavaScript 文件中。
- 支持大量第三方 JavaScript 库。

在本书中，我们会根据实际的案例，讲解 TypeScript 中使用到的内容。希望在实践中帮助读者完成学习。如果读者是有丰富编程经验的开发者，可以直接查阅 https://www.tslang.cn/docs/home.html。

2.4.2 对象的属性和方法

TypeScript 的一大特点是允许开发者使用面向对象的编程思想进行设计。对象是面向对象编程中的重要概念。本书中我们跳过传统教程中的数据类型、变量等概念，直接来阐述对象的相关概念。我们对它的三要素——属性、方法和事件，结合"Hello World"项目做一个简单的阐述。

对象是类的实例，类是对象的抽象，对象是具体事物，类则是一种抽象的分类。例如汽车是一类事物，你自己拥有的奔驰 E200 就是汽车这个类别里的一个实例，即我们所说的一个对象。

每一类事物都有很多通用属性用来描述每个不同的对象，例如汽车都有颜色、品牌等属性，你的奔驰 E200 的颜色是黑色，品牌是奔驰，而我的汽车颜色是红色，品牌是别克。

每一类事物都有一些通用的方法，每个不同的对象都可以使用其来完成对应的任务，例如汽车都可以启动、行驶、停止。不论是哪一种汽车，都具备这些"功能"，我们称之为方法。

以上的例子并不难理解，放到程序开发中，对于对象的理解会更抽象一点。以下面这段代码为例：

```
var tx: egret.TextField = new egret.TextField();
    tx.text = "Hello world!";
    tx.size = 32;
    tx.x = (this.stage.width - tx.width) / 2;
    tx.y = (this.stage.height - tx.height) / 2;
```

参看我们画的设计图（见图 2-6），我们需要在屏幕上显示"Hello world!"字样。在 Egret 工程中，可以显示文字的类叫做 egret.TextField，即一类可以显示文本的容器。在我们的项目中，需要使用这个类中的一个实例，通过以下代码实现：

```
var tx: egret.TextField = new egret.TextField();
```

其中 var 为声明变量的关键字，tx 为我们为这个例子取的名字，以便以后使用它。冒号后的 egret.TextField 为 tx 的类型。new 关键字表示创建某类型的实例，这个类型在本例中同样为 egret.TextField（紧跟 new 后面）。"="在编程中与其他语言一样，为赋值符号，即把右侧的内容赋予左侧的变量。

整句话的意思即为：在程序中创建了一个 egret.TextField 类型的对象（或者说实例），这个实例的名字叫做 tx。

下面我们定义了这个实例的一些属性，好比我们定义了一辆汽车的颜色和品牌：

```
tx.text = "Hello world!";
tx.size = 32;
tx.x = (this.stage.width - tx.width) / 2;
tx.y = (this.stage.height - tx.height) / 2;
```

"."后面的字符代表了这个实例的属性名称。text 是这个类的一个属性，表示要显示的文字内容，在 tx 中我们将它定义为"Hello world!"（注意编码时不要忘了双引号）。size 是另一个属性，表示文字的大小。x、y 表示 tx 的横坐标和纵坐标（左上角），本例中通过计算让文字显示在中间的位置。

定义完了这些属性之后，我们还有一件事情要做——把这个对象显示在屏幕上。实现这个功能的是以下代码：

```
this.addChild(tx);
```

其中 this 代表当前操作的对象（即一个 Main 对象，Main 是一个可显示的容器），addChild() 是 Main 的一个方法，表示把括号中的对象显示到屏幕上。至此可知，tx 是我们创建的 egret.TextField 实例。

同样地，我们可以理解程序中的 bg 对象，它是一个可填充的形状。如果够细心，读者可以试着理解 Main 这个类。

2.4.3　对象的事件及运行流程

对象的三个要素中还有一个叫做"事件"。我们可以把"事件"理解成新闻或者消息，新闻有很多类型，比如科技、政治、八卦、经济，所以事件也可以分类，比如在计算机中，有鼠标的事件、键盘的事件、网络加载的事件等。新闻需要有发送者（发出新闻事件的人）和目标（收到新闻事件的人），大部分时候还会附加一些更具体的内容。我们在第 3 章会详细阐述事件机制，在本例中，我们只讲解事件带来的程序运行顺序。

程序开始的时候，会从 Main 这个实例中的 constructor()开始执行：

```
public constructor() {
    super();
    this.addEventListener(egret.Event.ADDED_TO_STAGE, this.onAddToStage, this);
}
```

上述代码中我们提到了一个事件 egret.Event.ADDED_TO_STAGE，表示当我们的程序出现在舞台（即已经显示在屏幕上）的时候，执行 this.onAddToStage 方法，即绘制背景和"Hello world！"元素。这是一个典型的事件驱动程序运行的例子，如图 2-22 所示。

在游戏开发过程中，我们会遇到很多事件，需要拆分很多方法。通过一个个的事件，我们才能完成程序的执行。请记住，程序并不是按照编写的先后顺序运行的。

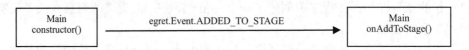

图 2-22　事件驱动程序

2.4.4　编程基础

如果读者是第一次编写程序，这一节会为其补充讲解编程的基本知识，以便于对后面实践的理解。我们并没有打算用特别大的篇幅来系统地从头讲解编程的基础知识。我们希望能在应用层面推动读者去不断地实践，从实践中积累更多的经验。当遇到困难时，读者可以回过头来翻阅本节，或者在网上查找相关的知识。请记住，不断地实践才是学习并掌握新知识的最佳办法。

1．基础类型

为了让程序有价值，我们需要处理最简单的数据单元：数字、字符串、结构体、布尔值等。TypeScript 支持与 JavaScript 几乎相同的数据类型，此外还提供了实用的枚举类型以方便我们使用。

（1）布尔值。

最基本的数据类型就是简单的 true/false 值，在 JavaScript 和 TypeScript 里叫做 boolean 型（其他语言中也一样）。

```
var isDone: boolean = false;
```

（2）数字。

和 JavaScript 一样，TypeScript 里的所有数字都是浮点数。这些浮点数的类型是 number。除了支持十进制和十六进制字面量外，TypeScript 还支持 ECMAScript 2015 中引入的二进制和八进制字面量。

```
var decLiteral: number = 6;
var hexLiteral: number = 0xf00d;
var binaryLiteral: number = 0b1010;
var octalLiteral: number = 0o744;
```

（3）字符串。

JavaScript 程序的另一项基本操作是处理网页或服务器端的文本数据。像其他语言里一样，我们使用 string 表示文本数据类型。和 JavaScript 一样，可以使用双引号（"）或单引号（'）表示字符串。

```
var name: string = "bob";
name = "smith";
```

我们还可以使用模板字符串，它可以定义多行文本和内嵌表达式。这种字符串是被反引号（'）包围，并且以$ { expr }这种形式嵌入表达式。

```
var name: string = `Gene`;
var age: number = 37;
```

```
var sentence: string = `Hello, my name is ${ name }.

I'll be ${ age + 1 } years old next month.`;
```
这与下面定义 sentence 的方式效果相同：
```
var sentence: string = "Hello, my name is " + name + ".\n\n" +
    "I'll be " + (age + 1) + " years old next month.";
```
（4）数组。

TypeScript 像 JavaScript 一样可以操作数组元素。有两种方式可以定义数组。第一种方式是可以在元素类型后面接上[]，表示由此类型的元素组成的一个数组：
```
var list: number[] = [1, 2, 3];
```
第二种方式是使用数组泛型，即 Array<元素类型>：
```
var list: Array<number> = [1, 2, 3];
```
（5）枚举。

enum 类型是对 JavaScript 标准数据类型的一个补充。像 C#等其他语言一样，使用枚举类型可以为一组数值赋予友好的名字。
```
enum Color {Red, Green, Blue};
var c: Color = Color.Green;
```
默认情况下，从 0 开始为元素编号。我们也可以手动输入指定成员的数值。例如，我们将上面的例子改成从 1 开始编号：
```
enum Color {Red = 1, Green, Blue};
var c: Color = Color.Green;
```
或者，全部都采用手动赋值：
```
enum Color {Red = 1, Green = 2, Blue = 4};
var c: Color = Color.Green;
```
枚举类型提供的一个便利是你可以由枚举的值得到它的名字。例如，我们知道数值为 2，但是不确定它映射到 Color 里的那个名字，我们可以通过数值查找相应的名字：
```
enum Color {Red = 1, Green, Blue};
var colorName: string = Color[2];

alert(colorName);
```
（6）任意值。

有时候，我们会想要为那些在编程阶段还不清楚类型的变量指定一个类型。这些值可能来自于动态的内容，比如来自用户输入或第三方代码库。这种情况下，我们不希望类型检查器对这些值进行检查，而是直接让它们通过编译阶段的检查。那么我们可以使用 any 类型来标记这些变量：
```
var notSure: any = 4;
notSure = "maybe a string instead";
notSure = false; //定义成为布尔型
```

在对现有代码进行改写的时候，any 类型是十分有用的，它允许用户在编译时可选择地包含或移除类型检查。我们可能认为 Object 有相似的作用，就像它在其他语言中那样。但是 Object 类型的变量只是允许用户给它赋任意值，却不能够在它上面调用任意的方法，即便它真的有这些方法。

```
var notSure: any = 4;
notSure.ifItExists();    // ifItExists 方法在运行时可能存在
notSure.toFixed();       //toFixed 确定存在，但编译器不做检查

var prettySure: Object = 4;
prettySure.toFixed();    //错误：属性'toFixed'不存在于'Object'类型
```

当只知道一部分数据的类型时，any 类型也是有用的。比如，有一个数组，它包含了不同类型的数据：

```
var list: any[] = [1, true, "free"];

list[1] = 100;
```

（7）空值。

从某种程度上来说，void 类型像是与 any 类型相反，它表示没有任何类型。当一个函数没有返回值时，你通常会见到其返回值类型是 void：

```
function warnUser(): void {
    alert("这是一条警告信息。");
}
```

声明一个 void 类型的变量没有什么大用，因为只能为它赋予 undefined 和 null：

```
var unusable: void = undefined;
```

（8）null 和 undefined。

在 TypeScript 里，undefined 和 null 两者各有自己的类型，分别叫做 undefined 和 null。和 void 相似，它们本身的类型用处不是很大：

```
//可以直接用于变量赋值
var u: undefined = undefined;
var n: null = null;
```

默认情况下 null 和 undefined 是所有类型的子类型。就是说我们可以把 null 和 undefined 赋值给 number 类型的变量。

然而，若设置了--strictNullChecks 标志，null 和 undefined 就只能赋值给 void 和它们各自了。这能避免很多常见的问题。如果在某处想传入一个 string、null 或 undefined 型数据，我们可以使用联合类型 string | null | undefined。稍后我们会介绍联合类型。

注意：我们鼓励尽可能地使用--strictNullChecks 参数，但在本书里假设这个标记是关闭的。

2. 变量声明

var 和 const 是 JavaScript 里相对较新的变量声明方式。const 是对 var 的一个增强，它能阻

止对一个变量再次赋值。

因为 TypeScript 是 JavaScript 的超集，所以它本身就支持 var 和 const。

（1）var 声明。

一直以来我们都是通过 var 关键字定义 JavaScript 变量的。

```
var a = 10;
```

大家都能理解，这里定义了一个名为 a 值为 10 的变量。

可以在函数内部定义变量：

```
function f() {
    var message = "Hello, world!";

    return message;
}
```

也可以在其他函数内部访问相同的变量。

```
function f() {
    var a = 10;
    return function g() {
        var b = a + 1;
        return b;
    }
}

var g = f();
g(); //返回值：11
```

上面的例子里，g 可以获取到 f 函数里定义的 a 变量。每当 g 被调用时，它都可以访问到 f 里的 a 变量。即使当 g 在 f 已经执行完后才被调用，它仍然可以访问及修改 a。

```
function f() {
    var a = 1;

    a = 2;
    var b = g();
    a = 3;

    return b;

    function g() {
        return a;
    }
}

f(); //返回值：2
```

（2）const 声明。

const 声明是声明变量的另一种方式。

```
const numLivesForCat = 9;
```

就像它的名字所表达的一样，变量被赋值后不能再改变。换句话说，这些变量拥有与 var 相同的作用域规则，但是不能对它们重新赋值。

这很好理解，也就是说，它们引用的值是不可变的。

```
const numLivesForCat = 9;
const kitty = {
    name: "Aurora",
    numLives: numLivesForCat,
}

//错误
kitty = {
    name: "Danielle",
    numLives: numLivesForCat
};

//以下都是正确的
kitty.name = "Rory";
kitty.name = "Kitty";
kitty.name = "Cat";
kitty.numLives--;
```

除非使用特殊的方法去避免，实际上 const 变量的内部状态是可修改的。幸运的是，TypeScript 允许我们将对象的成员设置成只读的。

3. 条件语句

通常在写代码时，总是需要为不同的决定来执行不同的动作。我们可以在代码中使用条件语句来完成此任务。

在 TypeScript 中，可使用以下条件语句：

● if 语句：只有当指定条件为 true 时，才使用该语句来执行代码。

● if...else 语句：当条件为 true 时执行 if 后的代码，当条件为 false 时执行其他代码。

● if...else if....else 语句：使用该语句来选择多个代码块中的一个来执行。

● switch 语句：使用该语句来选择某个代码块来执行。

（1）if 语句。

只有当指定条件为 true 时，该语句才会执行代码。

```
if (condition)
{
    当条件为 true 时执行的代码
}
```

（2）if...else 语句。

在条件为 true 时执行 if 后的代码，在条件为 false 时执行其他代码。

```
if (condition)
{
    当条件为 true 时执行的代码
}
else
{
    当条件不为 true 时执行的代码
}
```

（3）if...else if...else 语句。

使用 if....else if...else 语句可选择多个代码块中的一个来执行。

```
if (condition1)
{
    当条件 1 为 true 时执行的代码
}
else if (condition2)
{
    当条件 2 为 true 时执行的代码
}
else
{
    当条件 1 和 条件 2 都不为 true 时执行的代码
}
```

（4）switch 语句。

使用 switch 语句可选择要执行的某个代码块。

```
switch(n)
{
    case 1: 执行代码块 1 break;
    case 2: 执行代码块 2 break;
    default: n 与 case 1 和 case 2 不同时执行的代码
}
```

工作原理：首先设置表达式 n（通常是一个变量），随后表达式的值会与结构中的每个 case 的值做比较。如果存在匹配，则与该 case 关联的代码块会被执行。

4. 循环

TypeScript 支持不同类型的循环：

● for：循环代码块一定的次数。

● for/in：循环遍历对象的属性。

● while：当指定的条件为 true 时循环指定的代码块。

● do/while：当指定的条件为 true 时循环指定的代码块。

（1）for 循环。

for 循环是在希望创建循环时常会用到的工具。

下面是 for 循环的语法：

```
for (语句 1; 语句 2; 语句 3)
{
    被执行的代码块
}
```

语句 1：（代码块）开始前执行。

语句 2：定义运行循环（代码块）的条件。

语句 3：在循环（代码块）已被执行之后执行。

（2）for/in 循环。

```
var person={fname:"John",lname:"Doe",age:25};
for (x in person)
{
    txt=txt + person[x];
}
```

（3）while 循环。

while 循环会在指定条件为真时循环执行代码块。

```
while (条件)
{
    需要执行的代码
}
```

（4）do/while 循环。

do/while 循环是 while 循环的变体。该循环会在检查条件是否为真之前执行一次代码块，如果条件为真的话，就会重复这个循环。

```
do
{
    需要执行的代码
}
while (条件);
```

5. 在 TypeScript 中添加注释

注释是提高一个程序可读性的方法。可以用来注释一个程序中包括有关类似代码的作者等其他信息，提示的有关函数、构造等意见都被编译器忽略。

TypeScript 支持以下类型的注释：

● 单行注释（//）：//和行结束之间的任何文本都被视为注释。

● 多行注释（/ * * /）：这些评论可以跨多行。

例如：

```
//这是单行注释

/*    这是一条
     多行注释
*/
```

6. 作用域规则

对于熟悉其他语言的人来说，var 声明有些奇怪的作用域规则。看下面的例子：

```
function f(shouldInitialize: boolean) {
    if (shouldInitialize) {
        var x = 10;
    }

    return x;
}

f(true);    //返回值: '10'
f(false);   //返回值: 'undefined'
```

有些读者可能要多看几遍这个例子。变量 x 是定义在 if 语句里面的，但是我们却可以在语句的外面访问它。这是因为 var 声明可以在包含它的函数、模块、命名空间或全局作用域内部等任何位置被访问，包含它的代码块对此没有什么影响。有些人称此为"var 作用域"或"函数作用域"。函数参数也使用函数作用域。

这些作用域规则可能会引发一些错误。其中之一就是：多次声明同一个变量并不会报错。

```
function sumMatrix(matrix: number[][]) {
    var sum = 0;
    for (var i = 0; i < matrix.length; i++) {
        var currentRow = matrix[i];
        for (var i = 0; i < currentRow.length; i++) {
            sum += currentRow[i];
        }
    }

    return sum;
}
```

这里很容易看出一些问题，里层的 for 循环会覆盖变量 i，因为所有 i 都引用相同的函数作用域内的变量。有经验的开发者们很清楚，这些问题可能在代码审查时漏掉，引发无穷的麻烦。

7. 类

传统的 JavaScript 程序使用函数和基于原型的继承来创建可重用的组件，但对于熟悉使用面向对象方式的程序员来讲就有些棘手，因为他们用的是基于类的继承并且对象是由类构建出来的。从 ECMAScript 2015，也就是 ECMAScript 6 开始，JavaScript 程序员将能够使用基于类的面向对象的方式。我们允许开发者在使用 TypeScript 时就使用这些特性，并且编译后的 JavaScript 可以在所有主流浏览器和平台上运行，而不需要等到下个 JavaScript 版本。

下面看一个使用类的例子：

```
class Greeter {
    greeting: string;
    constructor(message: string) {
        this.greeting = message;
    }
    greet() {
        return "Hello, " + this.greeting;
    }
}

var greeter = new Greeter("world");
```

如果使用过 C#或 Java，我们就会对这种语法非常熟悉。我们声明一个 Greeter 类，这个类有三个成员：一个名为 greeting 的属性、一个构造函数和一个 greet 方法。

可以注意到，我们在引用任何一个类成员的时候都用了 this，它表示我们访问的是类的成员。

在程序的最后一行使用 new 构造了 Greeter 类的一个实例。它会调用之前定义的构造函数，创建一个 Greeter 类型的新对象，并执行构造函数对它进行初始化。

（1）继承。

在 TypeScript 里，我们可以使用常用的面向对象模式。当然，基于类的程序设计中最基本的模式是允许使用继承来扩展现有的类。

看下面的例子：

```
class Animal {
    name:string;
    constructor(theName: string) { this.name = theName; }
    move(distanceInMeters: number = 0) {
        console.log(`${this.name} moved ${distanceInMeters}m.`);
    }
}

class Snake extends Animal {
    constructor(name: string) { super(name); }
    move(distanceInMeters = 5) {
        console.log("Slithering...");
        super.move(distanceInMeters);
    }
}
```

```
class Horse extends Animal {
    constructor(name: string) { super(name); }
    move(distanceInMeters = 45) {
        console.log("Galloping...");
        super.move(distanceInMeters);
    }
}

var sam = new Snake("Sammy the Python");
var tom: Animal = new Horse("Tommy the Palomino");

sam.move();
tom.move(34);
```

这个例子展示了 TypeScript 中继承的一些特征，它们与其他语言类似。我们使用 extends 关键字来创建子类。可以看到 Horse 和 Snake 类是基类 Animal 的子类，并且可以访问其属性和方法。

包含构造函数的派生类必须调用 super()，它会执行基类的构造方法。

这个例子演示了如何在子类里重写父类的方法。Snake 类和 Horse 类都创建了 move 方法，它们重写了从 Animal 继承来的 move 方法，使得 move 方法根据不同的类而具有不同的功能。

注意：即使 tom 被声明为 Animal 类型，但因为它的值是 Horse 类型，所以 tom.move(34) 会调用 Horse 里的重写方法。

```
Slithering...
Sammy the Python moved 5m.
Galloping...
Tommy the Palomino moved 34m.
```

（2）公共、私有与受保护的修饰符。

1）默认为 public（公共）。

在上面的例子里，我们可以自由地访问程序里定义的成员。如果对其他语言中的类比较了解，就会注意到我们在之前的代码里并没有使用 public 来做修饰。例如，C#语言要求必须明确地使用 public 标记成员变量为公共域可访问。在 TypeScript 里，成员都默认为 public。

我们也可以明确地将一个成员标记成 public。可以用下面的方式来重写上面的 Animal 类：

```
class Animal {
    public name: string;
    public constructor(theName: string) { this.name = theName; }
    public move(distanceInMeters: number) {
        console.log(`${this.name} moved ${distanceInMeters}m.`);
    }
}
```

2）理解 private（私有）。

当成员被标记成 private 时，它就不能在声明它的类的外部访问。比如：

```
class Animal {
    private name: string;
    constructor(theName: string) { this.name = theName; }
}

new Animal("Cat").name; //错误：'name'是私有变量
```

TypeScript 使用的是结构性类型系统。当我们比较两种不同的类型时，并不在乎它们从何处而来，如果所有成员的类型都是兼容的，我们就认为它们的类型是兼容的。

然而，当我们比较带有 private 或 protected 成员的类型的时候，情况就不同了。如果其中一个类型里包含一个 private 成员，那么只有当另外一个类型中也存在这样一个 private 成员、并且它们都是来自同一处声明时，我们才认为这两个类型是兼容的。对于 protected 成员也使用这个规则。

下面来看一个例子，它能更好地说明这一点：

```
class Animal {
    private name: string;
    constructor(theName: string) { this.name = theName; }
}

class Rhino extends Animal {
    constructor() { super("Rhino"); }
}

class Employee {
    private name: string;
    constructor(theName: string) { this.name = theName; }
}

var animal = new Animal("Goat");
var rhino = new Rhino();
var employee = new Employee("Bob");

animal = rhino;
animal = employee; //错误：Animal 和 Employee 类型不匹配
```

这个例子中有 Animal 和 Rhino 两个类，Rhino 是 Animal 类的子类。还有一个 Employee 类，其类型看上去与 Animal 是相同的。我们创建了几个这些类的实例，并相互赋值来看看会发生什么。因为 Animal 和 Rhino 共享了来自 Animal 里的私有成员定义 private name: string，因此它们是兼容的。然而 Employee 却不是这样，当把 Employee 型数据赋值给 Animal 型数据的时候，得到一个错误，说它们的类型不兼容。尽管 Employee 里也有一个私有成员 name，但它明显不是 Animal 里面定义的那个。

3）理解 protected（受保护）。

protected 修饰符与 private 修饰符的行为很相似，但有一点不同，protected 成员在派生类中仍然可以访问。例如：

```
class Person {
    protected name: string;
    constructor(name: string) { this.name = name; }
}

class Employee extends Person {
    private department: string;

    constructor(name: string, department: string) {
        super(name)
        this.department = department;
    }

    public getElevatorPitch() {
        return `Hello, my name is ${this.name} and I work in ${this.department}.`;
    }
}

var howard = new Employee("Howard", "Sales");
console.log(howard.getElevatorPitch());
console.log(howard.name); //错误
```

注意：我们不能在 Person 类外使用 name，但是仍然可以通过 Employee 类的实例方法访问它，因为 Employee 是由 Person 派生而来的。

构造函数也可以被标记成 protected。这意味着这个类不能在包含它的类外被实例化，但是能被继承。比如：

```
class Person {
    protected name: string;
    protected constructor(theName: string) { this.name = theName; }
}

//Employee 继承自 Person
class Employee extends Person {
    private department: string;

    constructor(name: string, department: string) {
```

```
        super(name);
        this.department = department;
    }

    public getElevatorPitch() {
        return `Hello, my name is ${this.name} and I work in ${this.department}.`;
    }
}

var howard = new Employee("Howard", "Sales");
var john = new Person("John"); //错误：'Person'的构造函数作用域为 protected
```

（3）readonly 修饰符和参数属性。

读者可以使用 readonly 关键字将属性设置为只读的。只读属性必须在声明时或构造函数里被初始化。

```
class Octopus {
    readonly name: string;
    readonly numberOfLegs: number = 8;
    constructor (theName: string) {
        this.name = theName;
    }
}
var dad = new Octopus("Man with the 8 strong legs");
dad.name = "Man with the 3-piece suit"; //错误！ name 属性是只读的
```

在上面的例子中，我们不得不在 Octopus 类里定义一个受保护的成员 name 和一个构造函数参数 theName，并且立刻给 name 和 theName 赋值。这种情况会经常遇到。参数属性可以方便地让我们在一个地方定义并初始化一个成员。下面的例子是之前 Animal 类的修改版，使用了参数属性：

```
class Animal {
    constructor(private name: string) { }
    move(distanceInMeters: number) {
        console.log(`${this.name} moved ${distanceInMeters}m.`);
    }
}
```

注意看这个例子中如何舍弃了 theName，仅在构造函数里使用 private name: string 参数来创建和初始化 name 成员，把声明和赋值合并至一处。

参数属性通过给构造函数参数添加一个访问限定符来声明。使用 private 限定一个参数属性会声明并初始化一个私有成员，这对于 public 和 protected 来说也是一样。

（4）存取器。

TypeScript 支持通过 getters/setters 来截取对对象成员的访问。它能帮助我们有效地控制对对象成员的访问。

　　下面来看如何把一个简单的类改写成使用 get 和 set 的形式。首先，我们从一个没有使用存取器的例子开始。

```
class Employee {
    fullName: string;
}

var employee = new Employee();
employee.fullName = "Bob Smith";
if (employee.fullName) {
    console.log(employee.fullName);
}
```

　　我们可以随意地设置 fullName，这是非常方便的，但是这也可能会带来麻烦。

　　下面这个版本里，我们先检查用户密码是否正确，然后再允许修改员工信息。我们把对 fullName 的直接访问改成了可以检查密码的 set 方法，同时也加了一个 get 方法，让上面的例子仍然可以工作。

```
var passcode = "secret passcode";

class Employee {
    private _fullName: string;

    get fullName(): string {
        return this._fullName;
    }

    set fullName(newName: string) {
        if (passcode && passcode == "secret passcode") {
            this._fullName = newName;
        }
        else {
            console.log("Error: Unauthorized update of employee!");
        }
    }
}

var employee = new Employee();
employee.fullName = "Bob Smith";
if (employee.fullName) {
    alert(employee.fullName);
}
```

可以修改密码来验证存取器是否是工作的。当密码不对时，会提示我们没有权限去修改员工信息。

对于存取器有下面两点需要注意：①存取器要求将编译器设置为输出 ECMAScript 5 或更高，不支持降级到 ECMAScript 3；②只带有 get 不带有 set 的存取器自动被推断为 readonly，这在从代码生成.d.ts 文件时是有帮助的，因为使用这个属性能够准确地提示用户这个属性是只读的。

（5）静态属性。

到目前为止，我们只讨论了类的实例成员，以及那些仅当类被实例化的时候才会被初始化的属性。我们也可以创建类的静态成员，这些属性存在于类本身而不是类的实例上。在下面这个例子里，我们使用 static 定义 origin，因为它是所有 Grid 对象都会用到的属性。每个实例想要访问这个属性的时候，都要在 origin 前面加上类名。如同在实例属性上使用"this."前缀来访问属性一样，这里我们使用"Grid."来访问静态属性。

```
class Grid {
    static origin = {x: 0, y: 0};
    calculateDistanceFromOrigin(point: {x: number; y: number;}) {
        var xDist = (point.x - Grid.origin.x);
        var yDist = (point.y - Grid.origin.y);
        return Math.sqrt(xDist * xDist + yDist * yDist) / this.scale;
    }
    constructor (public scale: number) { }
}

var grid1 = new Grid(1.0);    //1 倍放大
var grid2 = new Grid(5.0);    //5 倍放大

console.log(grid1.calculateDistanceFromOrigin({x: 10, y: 10}));
console.log(grid2.calculateDistanceFromOrigin({x: 10, y: 10}));
```

8. 函数

函数是 JavaScript 应用程序的基础。它帮助我们实现抽象层、模拟类、信息隐藏和模块。在 TypeScript 里，虽然已经支持类、命名空间和模块，但函数仍然是主要的定义行为的地方。TypeScript 为 JavaScript 函数添加了额外的功能，让我们可以更容易地使用。

和 JavaScript 一样，TypeScript 函数可以创建有名字的函数和匿名函数。我们可以随意选择适合应用程序的方式，不论是定义一系列 API 函数还是只使用一次的函数。

```
//函数命名
function add(x, y) {
    return x + y;
}
```

```
//匿名函数
var myAdd = function(x, y) { return x + y; };
```

在 JavaScript 里，函数可以使用函数体外部的变量。当函数这样做时，我们说它"捕获"了这些变量。至于为什么可以这样做以及其中的利弊超出了本书的范围，但是深刻理解这个机制对学习 JavaScript 和 TypeScript 会很有帮助。

```
var z = 100;

function addToZ(x, y) {
    return x + y + z;
}
```

（1）函数类型。

为上面的函数添加类型：

```
function add(x: number, y: number): number {
    return x + y;
}


var myAdd = function(x: number, y: number): number { return x+y; };
```

我们可以给每个参数添加类型之后再为函数本身添加返回值类型。TypeScript 能够根据返回语句自动推断出返回值类型，因此我们通常省略它。

现在我们已经为函数指定了类型，下面写出函数的完整类型：

```
var myAdd: (x:number, y:number)=>number =
    function(x: number, y: number): number { return x+y; };
```

函数类型包含两部分：参数类型和返回值类型。如果想写出完整的函数类型，这两部分都是需要的。我们以参数列表的形式写出参数类型，为每个参数指定一个名字和类型。这个名字只是为了增加可读性。也可以这样写：

```
var myAdd: (baseValue:number, increment:number) => number =
    function(x: number, y: number): number { return x + y; };
```

只要参数类型是匹配的，那么就认为它是有效的函数类型，而不在乎参数名是否正确。

第二部分是返回值类型。对于返回值，我们在函数和返回值类型之前使用 "=>" 符号，使之清晰明了。返回值类型是函数类型的必要部分，如果函数没有返回任何值，我们也必须指定返回值类型为 void 而不能留空。

函数的类型是由参数类型和返回值组成的。函数中使用的捕获变量不会体现在类型里。实际上，这些变量是函数的隐藏状态，并不是组成 API 的一部分。

（2）可选参数和默认参数。

TypeScript 里的每个函数参数都是必需的。这不是指不能传递 null 或 undefined 作为参数，而是说编译器会检查用户是否为每个参数都传入了值。编译器还会假设只有这些参数会被传递进函数。简单地说，就是传递给一个函数的参数个数必须与函数期望的参数个数一致。

```
function buildName(firstName: string, lastName: string) {
    return firstName + " " + lastName;
}

var result1 = buildName("Bob");                    //错误，参数数量不足
var result2 = buildName("Bob", "Adams", "Sr.");    //错误，参数过多
var result3 = buildName("Bob", "Adams");           //哈，刚刚好
```

JavaScript 里，每个参数都是可选的，即可传可不传。没传参的时候，它的值就是 undefined。在 TypeScript 里我们可以在参数名旁使用"?"实现可选参数的功能。比如，我们想让 lastName 是可选的，则代码如下：

```
function buildName(firstName: string, lastName?: string) {
    if (lastName)
        return firstName + " " + lastName;
    else
        return firstName;
}

var result1 = buildName("Bob");                    //正常运行
var result2 = buildName("Bob", "Adams", "Sr.");    //错误，参数过多
var result3 = buildName("Bob", "Adams");           //哈，刚刚好
```

可选参数必须跟在必需参数后面。如果上例中我们想让 firstName 是可选的，那么就必须调整它们的位置，把 firstName 放在后面。

在 TypeScript 里，我们也可以为参数提供一个默认值，当用户没有传递这个参数或传递的值是 undefined 时，它们叫做有默认初始化值的参数。我们可修改上例，把 lastName 的默认值设置为 Smith。

```
function buildName(firstName: string, lastName = "Smith") {
    return firstName + " " + lastName;
}

var result1 = buildName("Bob");                    //正确运行，返回"Bob Smith"
var result2 = buildName("Bob", undefined);         //仍然正确运行，仍然返回"Bob Smith"
var result3 = buildName("Bob", "Adams", "Sr.");    //错误，参数过多
var result4 = buildName("Bob", "Adams");           //哈，刚刚好
```

在所有必需参数后面的带默认初始化值的参数都是可选的，它们与可选参数一样，在调用函数的时候可以省略。也就是说可选参数与末尾的默认参数共享参数类型。

```
function buildName(firstName: string, lastName?: string) {
    //...
}
```

和

```
function buildName(firstName: string, lastName = "Smith") {
```

```
    //...
}
```

共享同样的类型：

```
firstName: string, lastName?: string) => string
```

默认参数的默认值消失了，只保留了它是一个可选参数的信息。

与普通可选参数不同的是，带默认值的参数不需要放在必需参数的后面。如果带默认值的参数出现在必需参数前面，用户必须明确地传入 undefined 值来获得默认值。例如，我们重写最后一个例子，让 firstName 是带默认值的参数：

```
function buildName(firstName = "Will", lastName: string) {
    return firstName + " " + lastName;
}

var result1 = buildName("Bob");                    //错误，参数数量不足
var result2 = buildName("Bob", "Adams", "Sr.");    //错误，参数过多
var result3 = buildName("Bob", "Adams");           //正确，返回"Bob Adams"
var result4 = buildName(undefined, "Adams");       //正确，返回"Will Adams"
```

（3）剩余参数。

必要参数、默认参数和可选参数有个共同点：它们都表示某一个参数。有时我们想同时操作多个参数，或者并不知道会有多少参数传递进来。在 JavaScript 里，我们可以使用 arguments 来访问所有传入的参数。

在 TypeScript 里，我们可以把所有参数收集到一个变量里：

```
function buildName(firstName: string, ...restOfName: string[]) {
    return firstName + " " + restOfName.join(" ");
}

var employeeName = buildName("Joseph", "Samuel", "Lucas", "MacKinzie");
```

剩余参数会被当作个数不限的可选参数。可以一个都没有，同样也可以有任意个。编译器可创建参数数组，名字是在省略号 "..." 后面给定的名字，我们可以在函数体内使用这个数组。这个省略号也会在带有剩余参数的函数类型定义上使用到：

```
function buildName(firstName: string, ...restOfName: string[]) {
    return firstName + " " + restOfName.join(" ");
}

var buildNameFun: (fname: string, ...rest: string[]) => string = buildName;
```

（4）this。

学习使用 JavaScript 里的 this 就好比一场成年礼。由于 TypeScript 是 JavaScript 的超集，TypeScript 程序员也需要弄清 this 的工作机制，并且当有 bug 的时候能够找出错误所在。幸运的是，TypeScript 能通知用户错误地使用了 this 的地方。如果想了解 JavaScript 里的 this 是如

何工作的，那么应首先阅读 Yehuda Katz 写的 "Understanding JavaScript Function Invocation and "this""。Yehuda 的文章详细地阐述了 this 的内部工作原理，我们在这里只做简单介绍。

1）this 和箭头函数。

在 JavaScript 里，this 的值在函数被调用的时候才会指定。这是个既强大又灵活的特点，但是我们需要花点时间弄清楚函数调用的上下文是什么。众所周知，这不是一件很简单的事，尤其是在返回一个函数或将函数当作参数传递的时候。

下面看一个例子：

```
var deck = {
    suits: ["hearts", "spades", "clubs", "diamonds"],
    cards: Array(52),
    createCardPicker: function() {
        return function() {
            var pickedCard = Math.floor(Math.random() * 52);
            var pickedSuit = Math.floor(pickedCard / 13);

            return {suit: this.suits[pickedSuit], card: pickedCard % 13};
        }
    }
}

var cardPicker = deck.createCardPicker();
var pickedCard = cardPicker();

alert("card: " + pickedCard.card + " of " + pickedCard.suit);
```

可以看到 createCardPicker 是个函数，并且它又返回了一个函数。如果我们尝试运行这个程序，会发现它并没有弹出对话框而是报错了。因为 createCardPicker 返回的函数里的 this 被设置成了 window 而不是 deck 对象。因为我们只是独立地调用了 cardPicker()。顶级的非方法式调用会将 this 视为 window。

注意：在严格模式下，this 为 undefined 而不是 window。

为了解决这个问题，我们可以在函数被返回时就绑好正确的 this。这样的话，无论之后怎么使用它，都会引用绑定的 deck 对象。我们需要改变函数表达式来使用 ECMAScript6 箭头语法。箭头函数能保存函数创建时的 this 值，而不是调用时的值。

```
var deck = {
    suits: ["hearts", "spades", "clubs", "diamonds"],
    cards: Array(52),
    createCardPicker: function() {
        //注意：这一行后箭头返回的是一个函数，允许我们通过 this 变量来访问
        return () => {
            var pickedCard = Math.floor(Math.random() * 52);
```

```
            var pickedSuit = Math.floor(pickedCard / 13);

            return {suit: this.suits[pickedSuit], card: pickedCard % 13};
        }
    }
}

var cardPicker = deck.createCardPicker();
var pickedCard = cardPicker();

alert("card: " + pickedCard.card + " of " + pickedCard.suit);
```

TypeScript 会警告我们犯了一个错误，如果我们给编译器设置了--noImplicitThis 标记。它会指出 this.suits[pickedSuit]里 this 的类型为 any。

2）this 参数。

不幸的是，this.suits[pickedSuit]的类型依旧为 any。这是因为 this 是来自对象字面量里的函数表达式。修改的方法是提供一个显式的 this 参数。this 参数是个假的参数，它出现在参数列表的最前面：

```
function f(this: void) {
    //确保 this 没有在这个独立函数中使用
}
```

可往例子里添加一些接口，如 Card 和 Deck，让类型重用能够变得清晰简单些：

```
interface Card {
    suit: string;
    card: number;
}
interface Deck {
    suits: string[];
    cards: number[];
    createCardPicker(this: Deck): () => Card;
}
var deck: Deck = {
    suits: ["hearts", "spades", "clubs", "diamonds"],
    cards: Array(52),
    //注意：这个函数明确地指定了引用者是 Deck 类型
    createCardPicker: function(this: Deck) {
        return () => {
            var pickedCard = Math.floor(Math.random() * 52);
            var pickedSuit = Math.floor(pickedCard / 13);

            return {suit: this.suits[pickedSuit], card: pickedCard % 13};
        }
```

```
    }
}

var cardPicker = deck.createCardPicker();
var pickedCard = cardPicker();

alert("card: " + pickedCard.card + " of " + pickedCard.suit);
```

现在 TypeScript 知道 createCardPicker 期望在某个 Deck 对象上调用。也就是说 this 是 Deck 类型的，而非 any，因此--noImplicitThis 就不会报错了。

3）this 参数在回调函数里。

当一个函数传递到某个库函数里稍后会被调用时，我们可以看到在回调函数里的 this 报错。因为当回调函数被调用的时候，它们会被当成一个普通函数调用，this 类型将成为 undefined 类型。稍做改动，我们就可以通过 this 参数来避免错误。首先，库函数的作者要指定 this 的类型：

```
interface UIElement {
    addClickListener(onclick: (this: void, e: Event) => void): void;
}
```

"this: void" 表示 addClickListener 指定了 onclick 为一个不需要 this 类型的函数。其次指明了函数可以用 this 调用：

```
class Handler {
    info: string;
    onClickBad(this: Handler, e: Event) {
        //注意：这里使用了 this，使用此回调函数将在运行时崩溃
        this.info = e.message;
    };
}
var h = new Handler();
uiElement.addClickListener(h.onClickBad); //错误
```

指定了 this 类型后，显式声明 onClickBad 必须在 Handler 的实例上调用，然后 TypeScript 会检测到 addClickListener 要求函数带有 this: void。可改变 this 类型来修复这个错误：

```
class Handler {
    info: string;
    onClickGood(this: void, e: Event) {
        //这里不能使用 this，因为 this 的类型为 void
        console.log('clicked!');
    }
}
var h = new Handler();
uiElement.addClickListener(h.onClickGood);
```

因为 onClickGood 指定了 this 类型为 void，所以传递 addClickListener 是合法的。当然这也意味着不能使用 this.info。如果两者都想要，我们就不得不使用箭头函数了：

```
class Handler {
    info: string;
    onClickGood = (e: Event) => { this.info = e.message }
}
```

这是可行的，因为箭头函数不会捕获 this，所以总是可以把它们传给期望 this: void 的函数。缺点是每个 Handler 对象都会创建一个箭头函数。另外，方法只会被创建一次，并且被添加到 Handler 的原型链上。它们在不同 Handler 对象间是共享的。

（5）重载。

JavaScript 本身是动态语言。在 JavaScript 里函数根据传入不同的参数而返回不同类型的数据是很常见的。

```
var suits = ["hearts", "spades", "clubs", "diamonds"];

function pickCard(x): any {
    //检查参数是否是 object 或者 array
    //如果是，容器本身提供了存储空间，我们直接选择卡牌（card）
    if (typeof x == "object") {
        var pickedCard = Math.floor(Math.random() * x.length);
        return pickedCard;
    }
    //否则，我们先用 var 声明存储空间，再选择卡牌（card）
    else if (typeof x == "number") {
        var pickedSuit = Math.floor(x / 13);
        return { suit: suits[pickedSuit], card: x % 13 };
    }
}

var myDeck = [{ suit: "diamonds", card: 2 }, { suit: "spades", card: 10 }, { suit: "hearts", card: 4 }];
var pickedCard1 = myDeck[pickCard(myDeck)];
alert("card: " + pickedCard1.card + " of " + pickedCard1.suit);

var pickedCard2 = pickCard(15);
alert("card: " + pickedCard2.card + " of " + pickedCard2.suit);
```

pickCard()方法根据传入参数的不同会返回两种不同的类型。如果传入的是代表纸牌的对象，函数的作用是从中抓一张牌。如果用户想抓牌，我们告诉他抓到了什么牌。但是这怎么在类型系统里表示呢？

方法是为同一个函数提供多个函数类型定义来进行函数重载。编译器会根据这个列表去处理函数的调用。下面我们来重载 pickCard()函数。

```
var suits = ["hearts", "spades", "clubs", "diamonds"];

function pickCard(x: {suit: string; card: number; }[]): number;
function pickCard(x: number): {suit: string; card: number; };
function pickCard(x): any {
    //检查参数是否是 object 或者 array
    //如果是，容器本身提供了存储空间，我们直接选择卡牌（card）
    if (typeof x == "object") {
        var pickedCard = Math.floor(Math.random() * x.length);
        return pickedCard;
    }
    //否则，我们先用 var 声明存储空间，再选择卡牌（card）
    else if (typeof x == "number") {
        var pickedSuit = Math.floor(x / 13);
        return { suit: suits[pickedSuit], card: x % 13 };
    }
}

var myDeck = [{ suit: "diamonds", card: 2 }, { suit: "spades", card: 10 }, { suit: "hearts", card: 4 }];
var pickedCard1 = myDeck[pickCard(myDeck)];
alert("card: " + pickedCard1.card + " of " + pickedCard1.suit);

var pickedCard2 = pickCard(15);
alert("card: " + pickedCard2.card + " of " + pickedCard2.suit);
```

这样改变后，重载的 pickCard 函数在调用的时候会进行正确的类型检查。

为了让编译器能够选择正确的检查类型，它与 JavaScript 里的处理流程相似。它查找重载列表，尝试使用第一个重载定义，如果匹配的话就使用这个重载定义。因此，在定义重载的时候，一定要把最精确的定义放在最前面。

注意：function pickCard(x): any 并不是重载列表的一部分，因此这里只有两个重载，一个是接收对象，另一个是接收数字。以其他参数调用 pickCard 会产生错误。

第 3 章　互动与特效——摇奖游戏制作

本章要点

● 　外部图像文件的使用
● 　通过程序管理外部资源
● 　粒子特效的制作
● 　事件机制

3.1　使用多媒体元素

游戏少不了多媒体元素的使用,本章通过一个完整的具有互动特效的摇奖游戏(见图 3-1),
来讲述基本的多媒体元素如何使用,并通过编程实现粒子特效的使用。

图 3-1　摇钱树

整个案例中，我们可以看到随风徐徐下落的花瓣，点击时还会有元宝掉落，这除了可直接用在抽奖游戏中，同样可以作为各类游戏的独立场景或特效参考。

首先还是采用"视觉化思考"的方式，完成我们对这个项目的思考。希望读者独立完成此过程后，再和我们给出的图形对比（如图 3-2）。

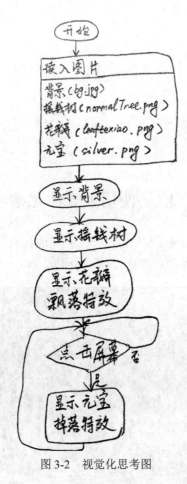

图 3-2　视觉化思考图

本工程的创建工作和第 2 章的案例一致，我们按照第 2 章的方法，打开 Egret Wing，新建一个空的 Egret 项目。宽度与高度都选择默认的 480 和 800。旋转设置中选择 portrait，即固定在手机竖直方向上使用（见图 3-3）。

之后确定，编辑器会自动创建好项目，并仿照第 2 章中程序的准备工作，在 Main.ts 文件中完成入口处的 onAddToStage 函数的结构编写（见图 3-4）。

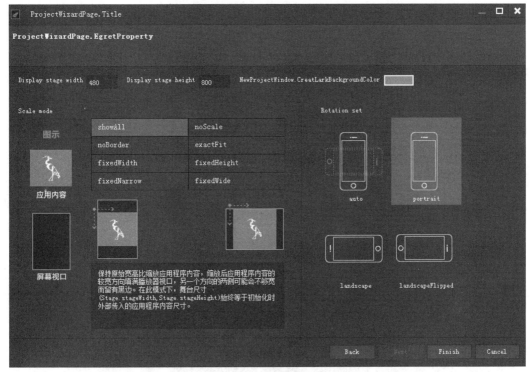

图 3-3   新建空项目

```
Main.ts ×
 1  class Main extends egret.DisplayObjectContainer {
 2
 3      public constructor() {
 4          super();
 5          this.addEventListener(egret.Event.ADDED_TO_STAGE,this.onAddToStage,this);
 6      }
 7
 8      private onAddToStage(event: egret.Event) {
 9
10      }
11  }
```

图 3-4   入口函数

3.1.1   使用图片

炫酷的 HTML5 广告应用离不开精美的视觉效果，其中最基本的元素就是图片了。在网络上最常用的图片格式是 jpg 和 png，常用的绘图软件都可以生成这两种格式的文件，它们之间的区别是：jpg 图片没有透明通道，而 png 图片可以保存透明部分。即如果图像中间需要不规则的边界，或者中间需要透明的部分，应保存成 png 格式；如果仅仅是矩形的图像，没有透明的部分，则保存成 jpg 格式。通常同样的图像，jpg 格式会比 png 格式小一些。对于手机网络来说，现阶段仍然建议考虑应用的大小，以便减少用户等待加载的时间。

在我们的项目中，需要准备以下图片素材：

不透明的背景图片一张（见图 3-5），命名为 bg.png，分辨率为 480*800 px。

图 3-5 背景图片（bg.png）

透明背景摇钱树图片一张（见图 3-6），命名为 normalTree.png，分辨率为 476*572 px。

图 3-6 摇钱树图片（normalTree.png）

透明背景的花瓣图片一张（见图 3-7），命名为 leaftexiao.png，分辨率为 84*87 px。

图 3-7　花瓣图片（leaftexiao.png）

透明背景的元宝图片一张（见图 3-8），命名为 silver.png，分辨率 34*54 px。

图 3-8　元宝图片（silver.png）

接下来，我们使用统一资源管理的方式，把这些图片拖拽到 resource/assets 文件夹中（见图 3-9）。

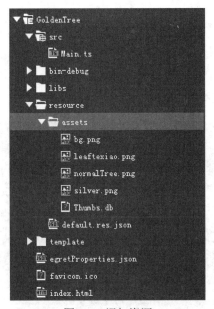

图 3-9　添加资源

双击 resource/default.res.json 文件，打开资源编辑器界面。系统会提示是否将目录下的资源自动加入到资源编辑器中，点击"确定"按钮，Egret Wing 会自动完成所有工作（见图 3-10）。

图 3-10　资源编辑器

3.1.2　使用资源管理器实现预加载

在摇奖游戏制作过程中，我们希望所有的图片在程序运行前先加载完毕，保证用户看到时不会因为网速或其他原因只看到部分图片，为此我们需要做下面这些工作。

在资源管理器界面中创建一个分组，命名为 preload（见图 3-11）。

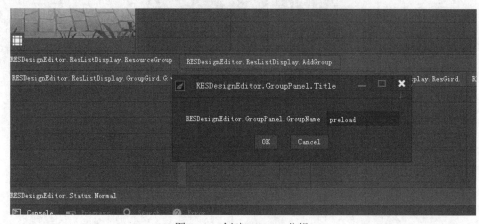

图 3-11　创建 preload 分组

之后把四张图片拖拽到 preload 分组里，如图 3-12 所示。

之后我们开始代码的部分，为了直接使用统一的资源管理功能，我们需要预先配置资源加载库。方法是双击打开 egretProperties.json 文件，然后在 modules 部分键入如图 3-13 所示的
代码。

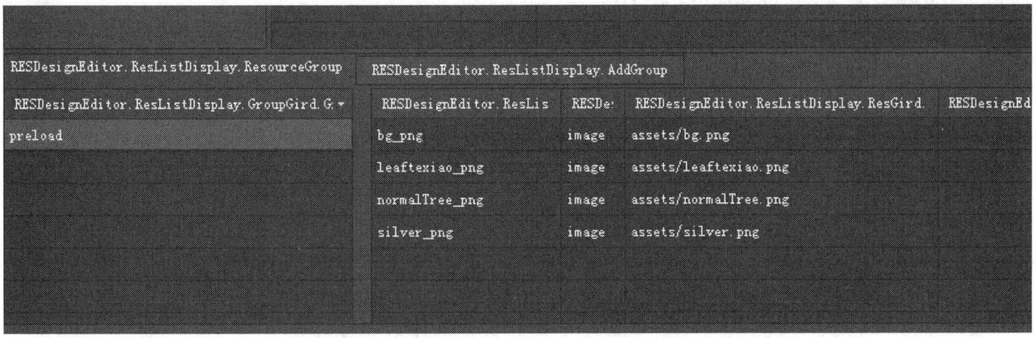

图 3-12　添加图片到 preload 分组

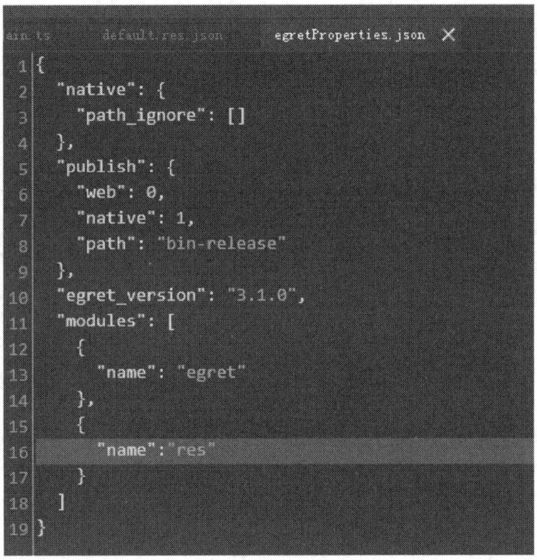

图 3-13　配置资源加载库

系统会自动完成模块配置。目前 Egret 的官方库分为八个模块：

（1）egret：必备的核心库。

（2）game：制作游戏会用到的类库，如 MovieClip、URLLoader 等。

（3）res：资源加载库，所有涉及资源载入的工作都可以通过这个模块来完成。

（4）tween：动画缓动类。

（5）dragonbones：龙骨动画库，用来制作一些复杂的动画效果。

（6）socket：用来通信的 WebSocket 库。

（7）gui：老版本的 UI 库。

（8）eui：新增的 UI 库，使用起来更加方便。

回到 Main.ts 文件，在 onAddToStage()函数中进行所有资源的预加载，用以下代码实现：

```
private onAddToStage(event: egret.Event) {
    RES.addEventListener(RES.ResourceEvent.CONFIG_COMPLETE,this.onConfigComplete,this);
    RES.loadConfig("resource/default.res.json","resource/");
}
```

这段代码的意义表示，程序在最开始先加载 default.res.json 中的资源配置信息（3.1.1 节中我们已经将所有图片信息都配置进去了），加载完成后执行 onConfigComplete 函数，我们需要加入这个函数，具体如下：

```
private onConfigComplete(event: RES.ResourceEvent): void {
    RES.removeEventListener(RES.ResourceEvent.CONFIG_COMPLETE,this.onConfigComplete,this);
    RES.addEventListener(RES.ResourceEvent.GROUP_COMPLETE,this.onResourceLoadComplete,this);
    RES.loadGroup("preload");
}
```

这段代码表示配置文件加载完成，开始预加载 preload 资源组（即四张图片所在的组），与之前的方法类似，我们同样需要加入 onResourceLoadComplete 函数，用来处理当 preload 组加载完成后的事宜。

```
private onResourceLoadComplete(event: RES.ResourceEvent): void {
    if(event.groupName == "preload") {
        RES.removeEventListener(RES.ResourceEvent.GROUP_COMPLETE,this.onResourceLoadComplete,this);
    }
}
```

至此，所有图像的预加载就全部处理完了。在之后的程序中，我们可以直接调用所有的图像资源了。如果项目中有更多的图像或其他资源，使用的方法是完全一致的。我们建议在项目中尽量使用预加载方法，这样可以有效地提升用户体验。

3.1.3　显示图像

我们首先将背景和树显示在画面上，方法如下：

```
var sky: egret.Bitmap = new egret.Bitmap();
var texture: egret.Texture = RES.getRes("bg_png");
sky.texture = texture;
this.addChild(sky);

var normalTree_png: egret.Bitmap = new egret.Bitmap();
var texture: egret.Texture = RES.getRes("normalTree_png");
sky.texture = texture;
this.addChild(normalTree_png);
normalTree_png.y = this.height / 2 - normalTree_png.height / 2;
normalTree_png.x = this.stage.stageWidth / 2 - normalTree_png.width / 2;
```

在上面的代码中，我们创建了两个用于操作图像文件的对象 egret.Bitmap，并将预加载资源中的两个图像 bg.png 和 normalTree.png 赋值到了 Bitmap 对象的 texture 属性上（注意：在读取资源时，使用了下划线"_"取代了文件中的"."，因为"."在编译器中是属性和方法的标志，Egret 通过下划线的方式避免程序识别时的冲突）。其他的操作与第 2 章介绍的显示对象类似，通过 addChild 方法将内容显示到场景中。可通过设置 x 与 y 来控制图像的位置。如果代码完全正确，我们按 F11 键，背景和摇钱树就能正确地显示出来了（见图 3-14）。

图 3-14　测试游戏

在完成以上工作后，我们对代码进行了整理，并加入了资源加载过程中对加载进度及加载错误的处理：

RES.ResourceEvent.GROUP_LOAD_ERROR：加载资源组时发生错误。

RES.ResourceEvent.GROUP_PROGRESS：加载资源组的进度。

RES.ResourceEvent.ITEM_LOAD_ERROR：加载具体资源（这里指图像文件）发生错误。

完整代码如下，供读者学习参考：

```
class Main extends egret.DisplayObjectContainer {

    public constructor() {
        super();
        this.addEventListener(egret.Event.ADDED_TO_STAGE,this.onAddToStage,this);
    }

    private onAddToStage(event: egret.Event) {
        //初始化 Resource 资源加载库
        RES.addEventListener(RES.ResourceEvent.CONFIG_COMPLETE,this.onConfigComplete,this);
        RES.loadConfig("resource/default.res.json","resource/");
    }

    /**
     * 配置文件加载完成，开始预加载 preload 资源组
     */
    private onConfigComplete(event: RES.ResourceEvent): void {
        RES.removeEventListener(RES.ResourceEvent.CONFIG_COMPLETE,this.onConfigComplete,this);
        RES.addEventListener(RES.ResourceEvent.GROUP_COMPLETE,this.onResourceLoadComplete,this);
        RES.addEventListener(RES.ResourceEvent.GROUP_LOAD_ERROR,this.onResourceLoadError,this);
        RES.addEventListener(RES.ResourceEvent.GROUP_PROGRESS,this.onResourceProgress,this);
        RES.addEventListener(RES.ResourceEvent.ITEM_LOAD_ERROR,this.onItemLoadError,this);
        RES.loadGroup("preload");
    }

    /**
     * 资源组加载出错
     */
    private onItemLoadError(event: RES.ResourceEvent): void {
        console.warn("Url:" + event.resItem.url + " has failed to load");
    }

    /**
     * 资源组加载出错
     */
    private onResourceLoadError(event: RES.ResourceEvent): void {
        console.warn("Group:" + event.groupName + " has failed to load");
        //忽略加载失败的项目
        this.onResourceLoadComplete(event);
    }

    /**
```

```
     * preload 资源组加载进度
     */
    private onResourceProgress(event: RES.ResourceEvent): void {
        if(event.groupName == "preload") {
        }
    }


    /**
     * preload 资源组加载完成
     */
    private onResourceLoadComplete(event: RES.ResourceEvent): void {
        if(event.groupName == "preload") {
RES.removeEventListener(RES.ResourceEvent.GROUP_COMPLETE,this.onResourceLoadComplete,this);
RES.removeEventListener(RES.ResourceEvent.GROUP_LOAD_ERROR,this.onResourceLoadError,this);
RES.removeEventListener(RES.ResourceEvent.GROUP_PROGRESS,this.onResourceProgress,this);
RES.removeEventListener(RES.ResourceEvent.ITEM_LOAD_ERROR,this.onItemLoadError,this);
            this.createScene();
        }
    }


    /**
     * 创建场景
     */
    private createScene(): void {
        var sky: egret.Bitmap = this.createBitmapByName("bg_png");
        this.addChild(sky);
        var normalTree_png: egret.Bitmap = this.createBitmapByName("normalTree_png");
        this.addChild(normalTree_png);
        normalTree_png.y = this.height / 2 - normalTree_png.height / 2;
        normalTree_png.x = this.stage.stageWidth / 2 - normalTree_png.width / 2;
    }


    private createBitmapByName(name: string): egret.Bitmap {
        var result: egret.Bitmap = new egret.Bitmap();
        var texture: egret.Texture = RES.getRes(name);
        result.texture = texture;
        return result;
    }
}
```

3.2　特效制作与应用

下面将讲述如何制作摇奖游戏中随风飘落的花瓣，以及用手点击就掉落的元宝。对于花瓣的飘落以及元宝的掉落，每一次看起来都有一些细微的不同。显然，这样的动画并不是预先画好然后加入的，而是通过程序编写实现的实时动画，可采用各种算法来实现对物体的运动控制。

传统动画也称为逐帧动画，是由一帧一帧的画面构成的。逐帧动画的帧序列内容不一样，这不仅增加了制作负担，而且最终输出的文件量也很大，但它的优势也很明显：因为它与电影播放模式相似，很适合于表演很细腻的动画，如3D效果、人物或动物急剧转身等效果。而实时动画适合表现特效、互动、仿真的内容，可产生更多的变化。根据项目需要，我们可采用不同的方式。

本章中我们着重讲解实时动画的代表之一——粒子特效，这也是实时动画中运用最多最广的一种。

3.2.1　粒子特效介绍

粒子特效是指为模拟现实中的水、火、雾、气等效果，将无数的单个粒子组合，使其呈现出固定形态，借由控制器、脚本来控制整体或单个粒子的运动，从而模拟出真实的效果（见图 3-15）。

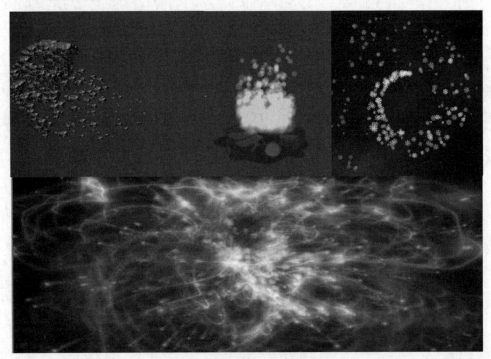

图 3-15　常见粒子特效

白鹭引擎非常人性化地提供了一款容易上手的粒子编辑器——Egret Feather，其能让我们在短短几分钟内创造和试验我们自己的粒子特效。

3.2.2 Egret Feather 使用

Egret Feather 是一款粒子特效编辑器，全程可视化编辑操作，能屏蔽所有底层复杂的参数设置（见图 3-16）。其所见即所得的操作模式，让即使毫无编程技能的美术人员也可快速上手，立即制作出精美的粒子效果。编辑器可自动导出配置文件供程序开发使用，让项目效果更加绚丽。

图 3-16 Egret Feather 软件

在白鹭引擎的官方网站可以下载 Egret Feather 软件，安装后打开，可以看到如图 3-17 所示的界面，以及正在实时运行的飘雪的案例。

主界面上包含了几个面板，分别是："纹理"面板、"颜色"面板、"动作属性"面板、"基本属性"面板、"可视调节"面板、"渲染区"面板。

其中"基本属性"面板详细定义了粒子发射器的相关参数，"动作属性"面板定义了粒子运动环境参数，这二者决定了粒子的运动状态。在编辑器中，我们可以实时看到生成的粒子效果，非常直观方便。

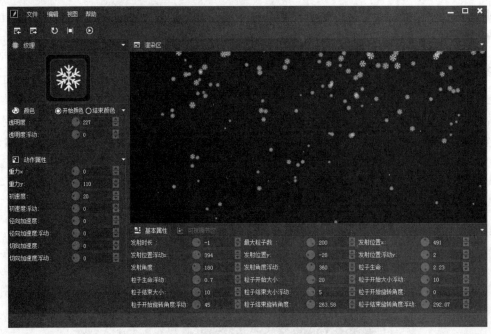

图 3-17　Egret Feather 主界面

3.2.3　花瓣飘落及元宝掉落特效

点击 Egret Feather 中的"纹理"面板，选择 leaftexiao.png 文件，"纹理"即表示粒子的外观。这时会发现花瓣像雪花一样地飘落，这并不符合大自然中雪花的运动状态（见图 3-18）。

接下来我们调整"动作属性"面板中的以下参数：

　　重力 x：30。

　　重力 y：30。

　　初速度：39.82。

"基本属性"面板中：

　　发射位置浮动 x：600。

　　发射位置浮动 y：40。

　　发射角度：270。

　　粒子结束大小：20。

　　最大粒子数：10。

　　发射位置 x：-50。

　　发射位置 y：-50。

　　粒子生命：6.75。

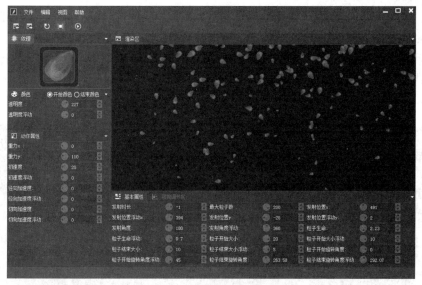

图 3-18　花瓣像雪花一样飘落

　　这时渲染区的花瓣就非常接近大自然中雪花的运动状态了。我们也可以根据自己的喜好调整其他的效果，或者利用"可视调节区"（见图 3-19），通过拖拽鼠标来模拟自然现象进行调整。

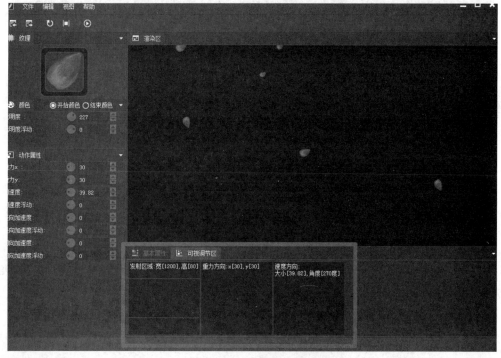

图 3-19　可视调节区

　　一旦对效果满意了，我们点击菜单栏上的"文件"→"导出"，将文件命名为 leaftexiao.json，导出到 resource/assets 路径下。

　　此时，我们回到 Egret Wing 项目中，双击 default.res.json，系统会自动检测到 leaftexiao.json 文件并提示将其加入到资源中。确定后，我们用同样的方式将 leaftexiao_json 拖拽到 preload 组中并保存（见图 3-20）。

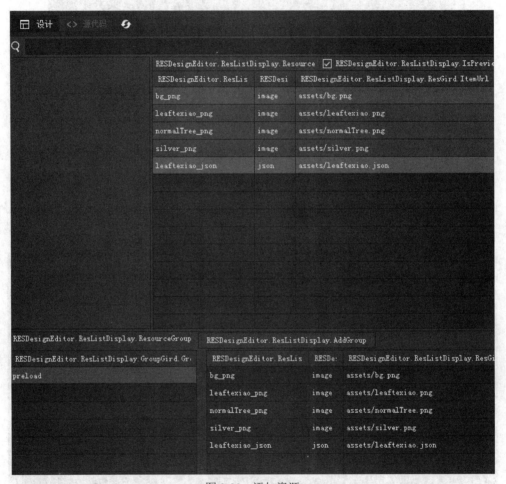

图 3-20　添加资源

　　打开 Egret Engine，选择"第三方库"进行下载（见图 3-21），并将其解压到 C:\Program Files\Egret\egret-game-library-3.1.0 路径下。

　　双击 egretProperties.json 文件，在文件最后添加 particle 模块内容，引入粒子系统（见图 3-22）。

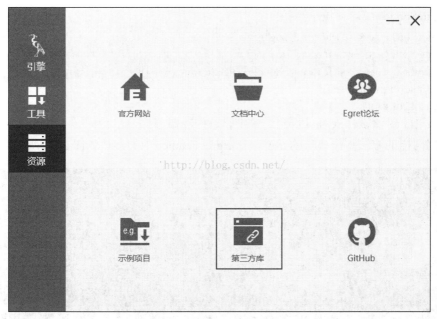

图 3-21　下载"第三方库"

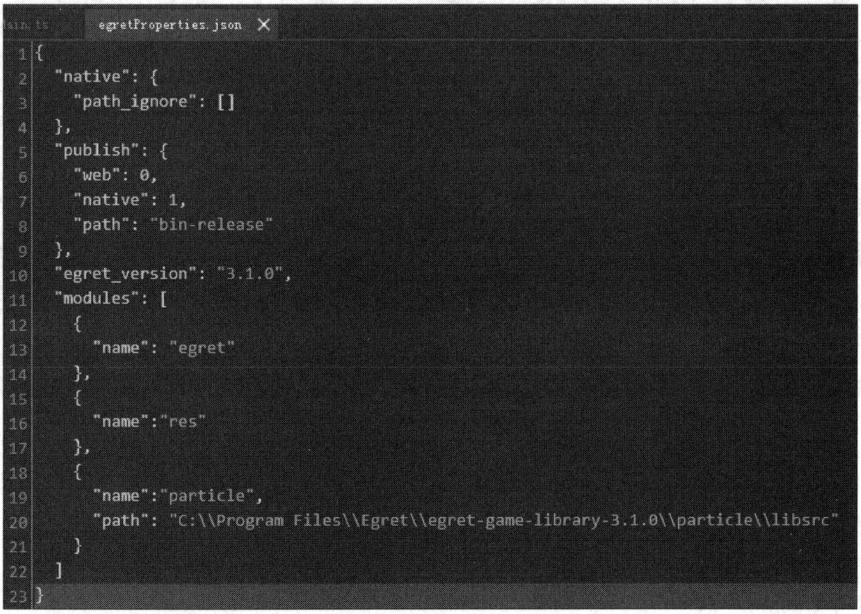

```json
{
  "native": {
    "path_ignore": []
  },
  "publish": {
    "web": 0,
    "native": 1,
    "path": "bin-release"
  },
  "egret_version": "3.1.0",
  "modules": [
    {
      "name": "egret"
    },
    {
      "name":"res"
    },
    {
      "name":"particle",
      "path": "C:\\Program Files\\Egret\\egret-game-library-3.1.0\\particle\\libsrc"
    }
  ]
}
```

图 3-22　引入粒子系统

回到 Main.ts 文件，在类中添加声明：

```
private systemLeaf: particle.ParticleSystem;
```

在 createScene()中启动粒子系统：

```
var texture = RES.getRes("leaftexiao_png");
var config = RES.getRes("leaftexiao_json");
this.systemLeaf = new particle.GravityParticleSystem(texture,config);
this.addChild(this.systemLeaf);
this.systemLeaf.start();
```

此时按 F11 键测试，就可以看到场景中飘落的花瓣了。

我们用同样的方法制作掉落的元宝，在 Egret Feather 中的参数如图 3-23 所示。

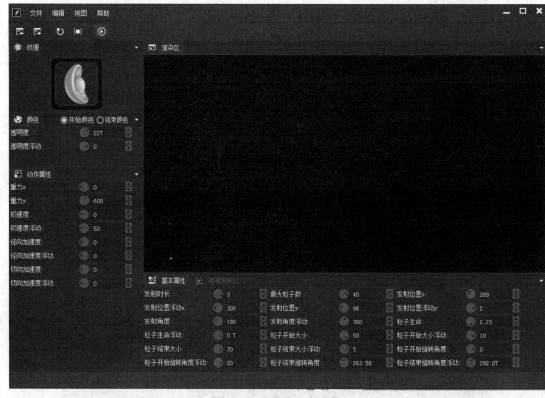

图 3-23　掉落的元宝参数

导出文件 silverRain.json 到 resource/assets 文件夹中，并将其加入到资源管理器中。与制作飘落的花瓣唯一不同的是，我们要通过点击摇钱树再触发元宝的掉落，只需要增加如下代码：

```
normalTree_png.touchEnabled = true;
normalTree_png.addEventListener(egret.TouchEvent.TOUCH_TAP,this.rainHandler, this);
```

通过 egret.TouchEvent.TOUCH_TAP 接收点击信号，并增加函数实现：

```
private _rainParticle:particle.GravityParticleSystem;
private rainHandler(e:egret.TouchEvent):void {
    if (this._rainParticle == null) {
```

```
        var texture = RES.getRes("silver_png");
        var config = RES.getRes("silverRain_json");
        this._rainParticle = new particle.GravityParticleSystem(texture, config);
        this.addChild(this._rainParticle);
    }
    this._rainParticle.start(1000);
}
```

其中_rainParticle.start(1000)中的参数 1000 表示粒子出现 1 秒（1000 毫秒）后就结束。

读者可以登录 http://www.waterpub.com.cn/softdown/和 http://www.wsbookshow.com/下载示例源代码。

3.3 事件机制

本章将为读者介绍 Egret 的事件机制。Egret 使用的事件机制是一套业内标准的事件处理架构。Egret 所提供的事件模式非常清晰、强大和高效。读者如果接触过 Flash 或者 JavaScript 的事件机制，将会感到非常熟悉。

3.3.1 什么是事件（Event）

日常生活中，我们经常将某些会产生一定影响的事情称作事件，随便举几个例子：
● 事件：iPhone 6s 发布。
● 事件类型：IT 新闻。
● 事件发送者：Apple 公司。
● 事件的目标：所有可能购买 iPhone 6s 的受众。
● 事件附加信息：iPhone 6s 的技术规格、操作系统、价格……

我们可以把事件理解成新闻或者消息，新闻有很多类型，比如科技、政治、八卦、经济，所以事件也可以分类，比如在计算机中，有鼠标的事件、键盘的事件、网络加载的事件等。新闻需要有发送者（发出新闻事件的人）和目标（收到新闻事件的人），大部分时候还会附加一些更具体的内容。程序开发中的事件也是如此，以下为 Egret 中触碰轻敲事件的例子：
● 事件：触碰轻敲事件。
● 事件类型：egret.TouchEvent.TOUCH_TAP。
● 事件发送者：用户。
● 事件的目标：用户手指轻敲的按钮。
● 事件附加信息：坐标，ID（唯一标识）等。

这些用户事件或者自定义事件在程序开发中会非常多，所以我们肯定十分乐意让程序自行处理。Egret 可以让我们为对象添加事件监听器。

3.3.2　使用事件监听器（Event Listener）

顾名思义，事件监听器会"监听"程序内所发生的事件。当事件发生时，监听器就会触发执行相应的操作。我们可以把事件监听器想象成一只非常聪明且训练有素的小狗，只要有盗贼进入你的住宅，它就会狂吠不止，而且它还能拨通警察局的电话号码并且让警察知道你的家庭住址，这样就算你不在家里也不需要担心入室偷窃的发生。

以下讲述在 Egert 中要如何创建一个事件监听器来监听用户的手指触碰轻敲事件：

```
/**
 *    TouchEventExample
 *    以下示例演示了如何为触碰轻敲事件添加事件监听器
 */
class TouchEventExample extends egret.DisplayObjectContainer {
    public constructor() {
        super();

        //获取 stage 对象
        var stage:egret.Stage = egret.MainContext.instance.stage;

        //给 stage 添加事件监听器
        stage.addEventListener(
            egret.TouchEvent.TOUCH_TAP,    //监听的事件类型
            this.onStageTap,               //处理函数
            this                           //传入 this
        );
    }
    //用于响应触碰轻敲事件的回调函数
    private onStageTap (event: egret.TouchEvent) {
        console.log("监听到了事件！");
        console.log(event);
    }
}
```

下面来详细看看这段代码：

```
//给 stage 添加事件监听器
stage.addEventListener(
    egret.TouchEvent.TOUCH_TAP,    //监听的事件类型
    this.onStageTap,               //处理函数
    this                           //传入 this
);
```

addEventListener 是 Egret 中用来添加事件监听器的函数，它主要接受三个参数：

```
    addEventListener(
```

```
        type:string,
        handler:Function,
        thisObject:any,
    ):void
```

第一个实际参数是这个监听器要监听的事件类型，一个事件类型通常由两部分组成：事件类和事件名称。在本例中，我们要监听触碰事件类的轻敲事件，所以指定为 egret.TouchEvent.TOUCH_TAP。

说明：为什么事件名称要用大写字母来命名呢？因为它们实际上是一种叫做常量的编程元素，常量通常用大写字母来编写，这是一种编程规范。TOUCH_TAP 是 egret.TouchEvent 类的一个内置常量。

第二个实际参数叫做事件处理函数，也就是当监听的事件发送时会被自动执行的方法。在这里，我们将该类自己的 onStageTap 方法传入，写作 this.onStageTap。

第三个实际参数比较特殊，叫做 this 对象。由于 JavaScript 的设计缺陷，我们通常需要将回调函数使用.bind()方法绑定给一个对象以保证该回调函数内的 this 引用正确。Egret 简化了这个过程。通常，我们只要直接把 this 传入第三个参数中即可。

说明：this 具有很高的灵活性，初学者如果在其他案例中看到传入监听者本身等之外的其他对象也很常见，并不是错误，可以具体情况具体分析。

接下来，我们来看看事件处理函数 onStageTap：

```
//用于响应触碰轻敲事件的回调函数
private onStageTap (event: egret.TouchEvent) {
    console.log("监听到了事件！");
    console.log(event)
}
```

这个方法非常简单，但我们需要关注两个地方：

（1）事件处理函数在习惯上往往会以单词 on 开头，程序员会将事件处理函数命名为 onClick、onTouchMove 或 onSomeKindOfEvent 这样的名称，这样就很容易与其他方法区分开。当然，我们也可以自由选用自己喜欢的名称来命名，比如 handleClick 等。

（2）事件处理函数必须声明一个特殊的事件变量，用于接收被监听到的事件，如果不声明它，就无法在事件处理函数内部访问监听到的事件对象了。这个事件变量必须与所要监听的事件的类型相同，通常命名为 e、evt 或 event。

在本例中，我们需要监听的事件类型是 egret.TouchEvent（TOUCH_TAP 只是事件的具体名称而非类型），并且可以将事件直接输出到控制台，这样事件对象里有什么东西就一目了然了（见图 3-24）。

事件里面的信息非常多，本书后续将会讲述如何使用这些信息并将它们应用在开发中。

图 3-24　将事件输出到控制台

说明：addEventListener 来源于 ECMAScript 语言规范，JavaScript 与 ActionScript 3.0 都是该规范的实现之一。这个函数在 Egret 引擎中被覆写得与原语言有轻微不同。

第 4 章　多样的交互界面——卡牌游戏制作

本章要点

● 　使用可视化编辑器制作界面
● 　掌握界面逻辑编程
● 　了解 EUI 控件及容器
● 　自定义组件

4.1　所见即所得的界面编辑

　　用户界面（User Interface，UI）是用户进行复杂交互的基本元素，不论是广告、网页还是游戏，快速地搭建用户界面都是一项必备的技能。

　　白鹭引擎提供了一套简便易用的 UI 扩展库——EUI，它是一套基于 Egret 核心显示列表的 UI 扩展库，拥有大量的常用 UI 组件，能够满足大部分的交互界面需求，即使更加复杂的组件需求，也可以基于 EUI 已有组件进行组合或扩展，搭建用户界面。本章我们通过手机游戏中常见的卡牌游戏（见图 4-1），来讲解如何快速地在 HTML5 的项目中搭建用户界面。

图 4-1　卡牌游戏界面

整个卡牌游戏中，我们可以点击不同的按钮，相应地出现不同的界面，并实现界面间的基本逻辑和交互。

首先来画图，看看我们要完成的任务（见图 4-2）。

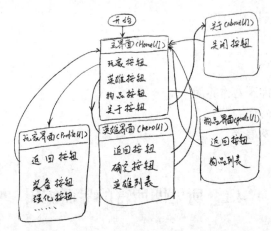

图 4-2 视觉化思考图

在有了之前的实践和背景知识后，我们可以试着理解：在图 4-2 中，每一个框都承担着独立的逻辑功能。我们在设计时可以依照这个原则，将每一个方框设计为一个"类"（实际也是这么做的），每一个箭头都会有一个"事件"产生。在学习过程中，需要继续强化和理解这个思维方式。

接下来就可以开始了。Egret Wing 为 EUI 提供了非常便利的支持，我们可以直接新建一个 EUI 项目（见图 4-3）。

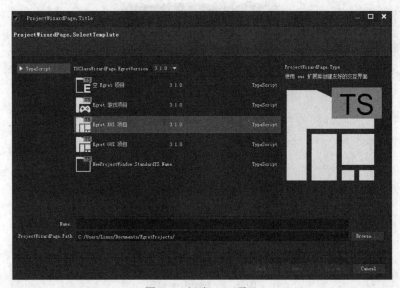

图 4-3 新建 EUI 项目

宽度与高度都选择默认的 480 和 800。在旋转设置中选择 portrait，即固定在手机竖直方向上使用（见图 4-4）。

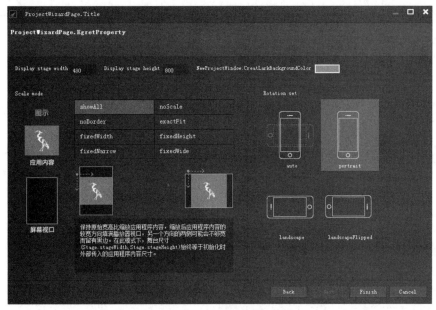

图 4-4　设置项目属性

然后点击"确定"按钮，编辑器会自动创建好项目。点击"调试"（Debug）按钮，会看到如图 4-5 所示的界面。

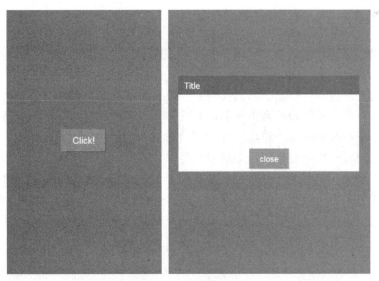

图 4-5　自动创建项目

点击 Click 按钮，会弹出右侧的窗口。点击 close 按钮，会关闭窗口。我们打开 Main.ts 文件，会发现自动生成了如下代码：

```
/**
 * 创建场景界面
 * Create scene interface
 */
protected startCreateScene(): void {
    var button = new eui.Button();
    button.label = "Click!";
    button.horizontalCenter = 0;
    button.verticalCenter = 0;
    this.addChild(button);
    button.addEventListener(egret.TouchEvent.TOUCH_TAP, this.onButtonClick, this);
}

private onButtonClick(e: egret.TouchEvent) {
    var panel = new eui.Panel();
    panel.title = "Title";
    panel.horizontalCenter = 0;
    panel.verticalCenter = 0;
    this.addChild(panel);
}
```

这个部分的代码实现了我们刚才看到的按钮和弹出对话框的功能，在卡牌游戏中我们不需要这个部分，可以把函数 startCreateScene 中的内容以及 onButtonClick()函数删掉。

4.1.1　准备设计资源

仔细观察我们这次画的图纸（见图 4-2），我们在图纸上画出了基本的界面数量及其中的元素，包括了加载等待的 Loading 界面、主界面、英雄界面、物品界面、关于界面等。同时，每个界面直接的关系也非常明确，通常我们需要对应的按钮来完成界面之间的切换。

根据图纸，可以非常明确地列出我们需要准备多少设计元素（图形、动画等）。值得注意的是，通常每个按钮都会拥有"弹起""按下"和"不可用"三种状态。如果是复选框会拥有更多的状态。我们对于按钮的每个状态显示都要有准备。

这里我们看到了图纸的另一个作用，它可以清晰地协助我们完成工作量的评估及分工。游戏开发往往需要多个工种的人员参与，而在设计初期就让每个人都明确自己的工作内容非常重要。这除了可以更有效地评估工作量，也会减少很多沟通成本。

根据图纸，我们准备了如下的设计素材（见图 4-6 至图 4-9）。

图 4-6　loading.jpg（预加载面板背景）

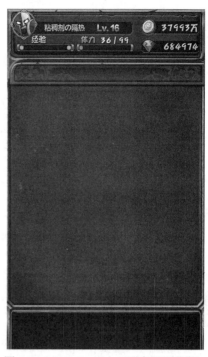

图 4-7　bgListPage.jpg（列表界面背景）

图 4-8　homeBg.jpg（主界面背景）

图 4-9　about.png（关于界面）

除了界面外，还包括所有的按钮及互动组件的状态图（见图 4-10）。

checked.png　　checkNo.png　　　　btnOK.png　　　　　mbtnAbout.png

图 4-10　按钮及互动组件

完成一个游戏需要做的工作很多，所以在准备初期，可把所有的多媒体素材分类放到文件夹中，并和设计的朋友约定好命名规则，包括后缀名，这样能在后期减少很多麻烦。注意，建议所有的文件名都使用英文，中文文件名并不完全适用于所有的操作系统和开发环境。使用英文能减少很多麻烦。

本例中，我们着重讲解用户界面的开发方法，因此减少了部分组件的绘制和制作。使用到的所有设计元素如图 4-11 所示。

参照第 3 章的方法，可将这些资源整理并导入到项目资源管理器中，以便开发时使用。

4.1.2　EXML 可视化编辑器

为了更有效地实现界面制作，Egret Wing 提供了 EXML 可视化编辑器，可以针对 EUI 项目中的 EXML 皮肤进行拖拽等可视化编辑、皮肤预览等功能，帮助开发者实现所见即所得的开发效果，大大增加开发效率。

如果想使用 EXML 可视化编辑器，我们的项目需要满足如下几个条件：

● 必须为 Egret 项目。

● 项目所使用的 UI 库必须为 EUI。

● 确保 wingProperties.json 内关于资源和主题的配置是正确的。

● 打开的文件后缀必须为 exml。

Egret Wing 默认生成的例子即可以对 EXML 皮肤进行可视化编辑。图 4-12 所示为 EUI 示例项目中 PanelSkin.exml 文件的打开截图。

1.　视图模式

它是文档区中针对 EXML 的显示方式，其中有"源码""设计"和"预览"三种视图模式。

视图模式—源码：指文档区中对某一个 EXML 皮肤进行文本查看的视图模式。

视图模式—设计：指文档区中对某一个 EXML 皮肤进行可视化操作和编辑的视图模式。

视图模式—预览：指文档区中对某一个 EXML 皮肤进行预览的视图模式，在此模式下所有皮肤部件均有交互效果。

图 4-11　设计资源

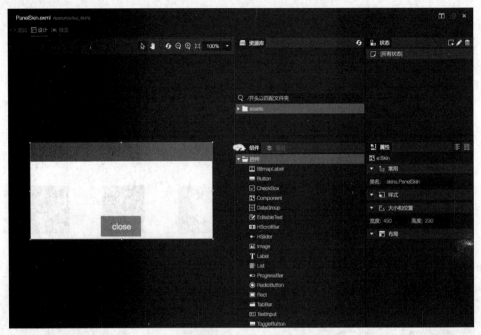

图 4-12　PanelSkin.exml 可视化编辑

2. "资源库" 面板

"资源库" 面板中展示了当前项目中所有可以被加载的资源，资源库中的资源依赖于项目使用的资源插件（见图 4-13）。我们可以通过拖拽的方式将"资源库"面板中的资源拖拽到文档区的"设计"视图中，以创建图像资源。

图 4-13　"资源库" 面板

3. "组件"面板

"组件"面板包含了当前项目中所有可以使用的组件列表，其种类为"控件""布局""自定义"（见图 4-14）。我们可以通过拖拽的方式在文档区的"设计"视图中创建组件。

图 4-14 "组件"面板

4. "图层"面板

该面板展示出了当前文档区正在编辑的 EXML 皮肤文件中所有组件的层级结构（见图 4-15）。我们可以通过该面板快速选中在文档区中与之对应的组件，也可以通过该面板更直观地调节文档区中组件之间的层级结构。

图 4-15 "图层"面板

5. "状态"面板

通过"状态"面板可以方便地查看 EXML 皮肤在不同状态下的呈现效果（见图 4-16），同时可以切换到不同状态（如按钮的 normal、over、down、disabled 四个状态）对 EXML 皮肤进行编辑。

图 4-16　"状态"面板

需要注意的是，"[所有状态]"并非是在 Egret 程序中可以看到的，而是为方便用户使用 Wing 预览状态而设定的，所以它并不会被编译进程序里。在 Egret 程序中可以看到的是除了 "[所有状态]"以外的状态，所以在编辑的时候要注意当前选中的状态。

6. "属性"面板

我们可以通过"属性"面板直接操作当前被选中组件的属性（见图 4-17）。

图 4-17　"属性"面板

4.1.3　皮肤分离机制

EXML 是采用皮肤分离机制进行工作的。以制作一个 UI 窗口为例，传统制作方式大体类似这样：实例化一个容器，在容器初始化时添加各种素材，分别设置样式布局，然后增加事件监听处理逻辑，动态的逻辑和静态的布局以及样式都耦合在一个类里。

皮肤分离就是把样式从逻辑中解耦出来，用一个逻辑组件外加一个皮肤对象的方式去实现原来单个组件的功能。逻辑组件里只负责动态的逻辑控制代码，如事件监听和数据刷新。皮肤里只负责外观，如实例化子项、初始化样式和布局等静态的属性，如图 4-18 所示。

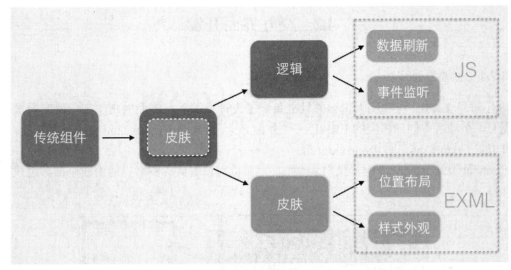

图 4-18　皮肤分离机制

可能会有读者比较担心皮肤分离后的性能，一个组件拆分成了两个，是否会增加嵌套层级。答案是不会，因为这里的皮肤并不是显示对象。我们可以把它理解为一个数据对象，其存储了初始化显示列表和外观需要的特定数据。将皮肤对象与逻辑对象整合的过程，就是逻辑对象定义并初始化其外观的过程。

这样做最明显的好处是我们解耦了逻辑和皮肤，写逻辑的时候只需关注逻辑功能，写皮肤的时候只需关注样式。关注点小了，自然提高了开发效率。但皮肤分离的意义绝对不仅在这个层面上。

如果项目从头到尾都是按照皮肤分离的规范写的，当需要换肤时，逻辑代码几乎一行都不用修改，重新给逻辑组件的 skinName 属性赋值一个新的皮肤，即可完成外观替换。皮肤分离机制的另一个好处是可以共享皮肤。比如同一个外观的按钮，我们只要设置一个皮肤，所有按钮的 skinName 都可以引用它，不需要重复设置外观。引用同一个皮肤的组件，一次修改全部更新。但这还不是皮肤分离机制的真正好处。

观察一下就会发现，分离出来的都是布局和样式，而布局和样式又是项目里修改最频繁的部分。在传统开发模式里最痛苦的部分，就是每次到一堆代码里找到并修改一个颜色或坐标，然后运行一次看看效果对不对，不对就再来一遍，如此反复下去……皮肤分离机制真正的好处是可以让程序员不用再设置皮肤，可关注更加纯粹的逻辑代码。由于分离出来的布局和样式都是比较容易静态化的东西，所以我们可以用 XML 来描述它，用可视化编辑器来生成它，从而极大地降低了外观的修改成本。

说明：对于有 Flex 编程经验的开发者来说，EUI 的机制与 Flex 中 MXML 的机制和原理是完全一致的。

4.2　交互界面开发

4.2.1　主要界面开发

在了解了 EXML 可视化编辑器并且准备好了设计资源后，界面的制作工作就变得很轻松了。我们可在项目中创建相应的 EXML 文件并做好命名：aboutUISkin.exml、goodsUISkin.exml、homeUISkin.exml、profileUISkin.exml 等。

以 aboutUISkin.exml 为例，我们从"组件"面板可以看到，整个界面由四个部分组成（见图 4-19）。

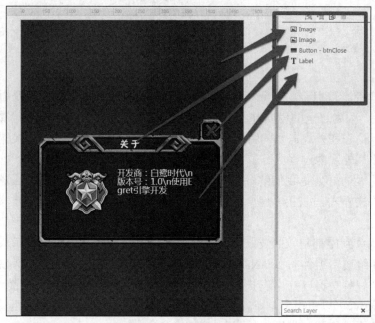

图 4-19　查看界面组件

图 4-19 中的界面包括两张图片（Image）、一个按钮（Button）、一个标签（Label），这些控件都可以从"控件"面板中直接拖拽到界面中，操作非常直观。而当我们点击任意一个控件时，右侧"属性"面板中就可以直接配置相关属性，如图 4-20 所示。

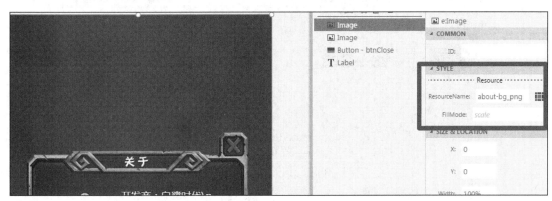

图 4-20　配置相关属性

对于按钮（Button），需要配置的是按钮的三个状态，即弹起、按下、不可用，如图 4-21 所示。其中在 ID 一栏，我们为每一个控件单独取一个名字，以备后续可以在程序中调用。可以理解为 btnClose 是这个控件的一个属性名。

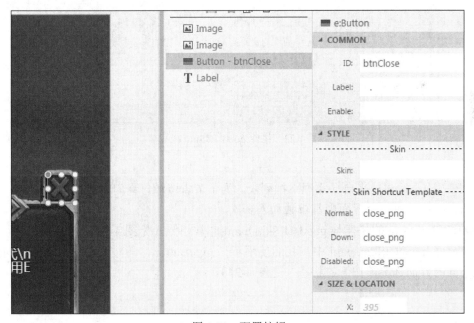

图 4-21　配置按钮

这样，我们就可以利用已有的设计资源快速地完成界面搭建了。

我们用同样的办法完成 goodsUISkin.exml（见图 4-22）。

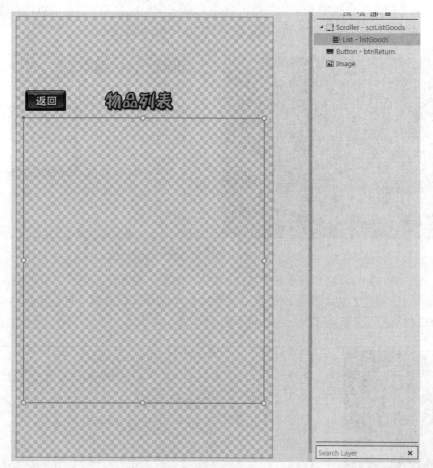

图 4-22　搭建 goodsUISkin.exml

我们使用了 Scroller 来自动实现下拉列表。为了节省资源，我们将背景图片放到了程序中加载调用，而不在每一个界面中都单独加入一次。

herosUISkin.exml 的搭建与 goodsUISkin.exml 非常相似（见图 4-23）。

在主界面 homeUISkin.exml 中，我们使用了 ToggleButton，即按下不会自动弹起的按钮，来处理不同的界面标签被按下的状态（见图 4-24）。

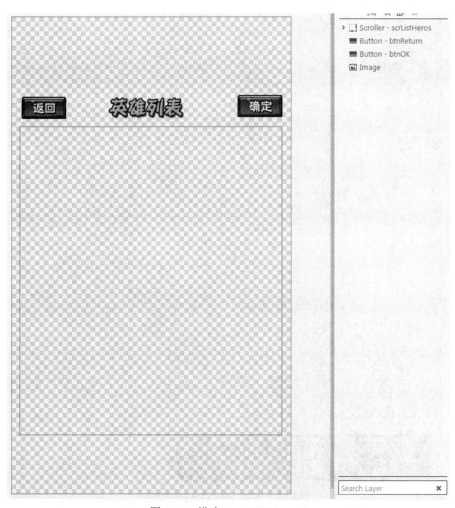

图 4-23　搭建 herosUISkin.exml

　　EUI 提供了常见的所有控件，可以大大提升开发效率。

　　如果我们根据项目情况，需要制作一些可反复使用的小的界面元素，可以用同样的方法来制作自定义的组件。在本章卡牌游戏制作项目中，我们还制作了 goodsListIRSkin.exml 和 herosListIRSkin.exml 作为列表中可重复使用的元素。其制作方法与上述界面皮肤一致，可以根据实际使用的尺寸定义组件的大小，如图 4-25 和图 4-26 所示。

图 4-24 添加 ToggleButton 按钮

图 4-25 GoodsListIRSkin.exml

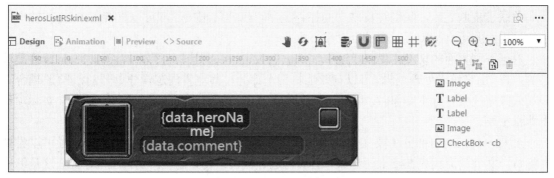

图 4-26　herosListIRSkin.exml

对于更多的控件，我们会在案例全部完成后，在 4.3 节中统一进行介绍。

4.2.2　界面逻辑实现

接下来我们开始完成界面间逻辑的实现，可参看最初画的"可视化思考"的设计图。在理解了皮肤的工作机制后，按照设计图，我们需要针对每一个界面，单独处理相关的逻辑。也就是说我们要为每一个界面创建一个单独的类文件，分别为 HomeUI.ts、HerosUI.ts、GoodsUI.ts、AboutUI.ts、ProfileUI.ts。注意，每个类都应该继承自 eui.Component。这样就将每一个界面的逻辑都独立放到一起，即实现"对象的封装"。

首先，让我们将文件与皮肤关联起来，以 HomeUI.ts 为例：

this.skinName = "resource/custom_skins/homeUISkin.exml";

通过这一行代码，就已经完成了界面与皮肤的关联。

对于 UI 中各个控件的响应，采用的同样是我们介绍过的事件机制。在整个界面的元素都自动搭建好之后，会有 eui.UIEvent.COMPLETE 事件发出，这时我们就可以处理各个控件的事件逻辑了，具体程序如下：

```
private    btns:eui.ToggleButton[];
constructor( ) {
        super();
        this.addEventListener( eui.UIEvent.COMPLETE, this.uiCompHandler, this );
        this.skinName = "resource/custom_skins/homeUISkin.exml";
}


private uiCompHandler():void {
        this.mbtnProfile.addEventListener( egret.TouchEvent.TOUCH_TAP, this.mbtnHandler, this );
        this.mbtnHeros.addEventListener( egret.TouchEvent.TOUCH_TAP, this.mbtnHandler, this );
        this.mbtnGoods.addEventListener( egret.TouchEvent.TOUCH_TAP, this.mbtnHandler, this );
        this.mbtnAbout.addEventListener( egret.TouchEvent.TOUCH_TAP, this.mbtnHandler, this );
        this.btns = [ this.mbtnProfile, this.mbtnHeros, this.mbtnGoods, this.mbtnAbout ];
}
```

关联了皮肤之后，我们对皮肤中的控件调用可以非常直接，即可以直接用 this.ID 的形式进行调用，并可直接监听对应的互动事件。

对于不同界面的切换，我们通过事件统一由 Main.ts 来处理其逻辑。注意，Main.ts 才是项目的入口，由它统一处理逻辑，可以有效地将某个部分与其他界面逻辑分离开，保证"脱耦合"，即在未来修改或者分工合作时，每个部分仅负责与自己紧密相关的责任分工。这点在实际项目中非常重要。

至此，我们给出部分主要文件的代码供大家参考。作为初学者，我们建议读者可以尝试着将每个文件的流程先在纸上画出来，之后再进行代码编写，梳理清楚自己的思路，这是编程中最重要的。

1. Main.ts

```
class Main extends eui.UILayer {
    /**
     * 加载进度界面
     *
     */
    private loadingView: LoadingUI;
    protected createChildren(): void {
        super.createChildren();

        //注入自定义的素材解析器
        var assetAdapter = new AssetAdapter();
        this.stage.registerImplementation("eui.IAssetAdapter",assetAdapter);
        this.stage.registerImplementation("eui.IThemeAdapter",new ThemeAdapter());
        //设置加载进度界面
        this.loadingView = new LoadingUI();
        this.stage.addChild(this.loadingView);

        //初始化 Resource 资源加载库
        RES.addEventListener(RES.ResourceEvent.CONFIG_COMPLETE, this.onConfigComplete, this);
        RES.loadConfig("resource/default.res.json", "resource/");
    }
    /**
     * 配置文件加载完成，开始预加载皮肤主题资源和 preload 资源组
     */
    private onConfigComplete(event:RES.ResourceEvent):void {
        RES.removeEventListener(RES.ResourceEvent.CONFIG_COMPLETE, this.onConfigComplete, this);

        //加载皮肤主题配置文件，可以手动修改这个文件，替换默认皮肤
        var theme = new eui.Theme("resource/default.thm.json", this.stage);
```

```
        theme.addEventListener(eui.UIEvent.COMPLETE, this.onThemeLoadComplete, this);

        RES.addEventListener(RES.ResourceEvent.GROUP_COMPLETE, this.onResourceLoadComplete, this);
        RES.addEventListener(RES.ResourceEvent.GROUP_LOAD_ERROR, this.onResourceLoadError, this);
        RES.addEventListener(RES.ResourceEvent.GROUP_PROGRESS, this.onResourceProgress, this);
        RES.addEventListener(RES.ResourceEvent.ITEM_LOAD_ERROR, this.onItemLoadError, this);
        RES.loadGroup("loading");
    }
    private isThemeLoadEnd: boolean = false;
    /**
     * 主题文件加载完成，开始预加载
     */
    private onThemeLoadComplete(): void {
        console.log( "theme load ok:", egret.getTimer() );
        this.isThemeLoadEnd = true;
        this.createScene();
    }
    private isResourceLoadEnd: boolean = false;
    /**
     * preload 资源组加载完成
     */
    private onResourceLoadComplete(event:RES.ResourceEvent):void {
        switch (event.groupName ) {
            case "loading":
                console.log( "loading ok:", egret.getTimer() );
                if( this.loadingView.parent ){
                    this.loadingView.parent.removeChild( this.loadingView );
                }

                Toast.init( this, RES.getRes( "toast-bg_png" ) );

                this._loadingBg = new egret.Bitmap(RES.getRes("loading_bg"));
                this.addChild( this._loadingBg );

                this._trueLoadingUI = new TrueLoadingUI();
                this.loadPage( "home" );
                break;
            case "home":
                this.isResourceLoadEnd = true;
                this.createScene();
                break;
            default :
```

```
                this.pageLoadedHandler( event.groupName );
                break;
        }
    }

    private createScene(){
        if(this.isThemeLoadEnd && this.isResourceLoadEnd){
            this.startCreateScene();
        }
    }
    /**
     * 资源组加载出错
     */
    private onItemLoadError(event:RES.ResourceEvent):void {
        console.warn("Url:" + event.resItem.url + " has failed to load");
    }
    /**
     * 资源组加载出错
     */
    private onResourceLoadError(event:RES.ResourceEvent):void {
        this.onResourceLoadComplete(event);
    }
    /**
     * preload 资源组加载进度
     */
    private onResourceProgress(event:RES.ResourceEvent):void {
        switch (event.groupName) {
            case "loading":
                this.loadingView.setProgress(event.itemsLoaded, event.itemsTotal);
                break;
            default :
                this._trueLoadingUI.setProgress(event.itemsLoaded, event.itemsTotal);
                break;
        }
    }
    /**
     * 创建场景界面
     */
    protected startCreateScene(): void {
        //主页特殊，其他页都需要传参数
        this.pageLoadedHandler( "home" );
```

```
        if( this._loadingBg.parent ){
            this._loadingBg.parent.removeChild( this._loadingBg );
        }

        this._homeUI = new HomeUI();
        this._homeUI.addEventListener( GameEvents.EVT_LOAD_PAGE, ( evt:egret.Event )=>{
        this.loadPage( evt.data );
        }, this );
        this.addChild( this._homeUI );
    }

    loadPage( pageName:string ):void{
        this.addChild( this._trueLoadingUI );
        this.idLoading = pageName;
        switch ( pageName ){
            case "heros":
            case "goods":
                RES.loadGroup( "heros_goods" );
                break;
            default :
                RES.loadGroup( pageName );
                break;
        }
    }
    private idLoading:string;

    pageLoadedHandler( name:string ):void{
        if( name != "home" ){
            this._homeUI.pageReadyHandler( this.idLoading );
        }
        if( this._trueLoadingUI.parent ){
            this._trueLoadingUI.parent.removeChild( this._trueLoadingUI );
        }
    }

    private _trueLoadingUI:TrueLoadingUI;
    private _homeUI:HomeUI;

    private _loadingBg: egret.Bitmap;
}
```

2. HomeUI.ts

```
class HomeUI extends eui.Component{

    constructor( ) {
        super();
        this.addEventListener( eui.UIEvent.COMPLETE, this.uiCompHandler, this );
        this.skinName = "resource/custom_skins/homeUISkin.exml";
    }

    private uiCompHandler():void {
        this.mbtnProfile.addEventListener( egret.TouchEvent.TOUCH_TAP, this.mbtnHandler, this );
        this.mbtnHeros.addEventListener( egret.TouchEvent.TOUCH_TAP, this.mbtnHandler, this );
        this.mbtnGoods.addEventListener( egret.TouchEvent.TOUCH_TAP, this.mbtnHandler, this );
        this.mbtnAbout.addEventListener( egret.TouchEvent.TOUCH_TAP, this.mbtnHandler, this );

        this.btns = [ this.mbtnProfile, this.mbtnHeros, this.mbtnGoods, this.mbtnAbout ];

        ///首次加载完成首先显示主界面
        this.goHome();
    }
    private btns:eui.ToggleButton[];

    private resetFocus():void{
        console.log( " resetFocus " );
        if( this._uiFocused ){
            if( this._uiFocused.parent ){
                this._uiFocused.parent.removeChild( this._uiFocused );
            }
            this._uiFocused = null;
        }
        if( this._mbtnFocused !=null ){
            this._mbtnFocused.selected = false;
            this._mbtnFocused.enabled = true;
            this._mbtnFocused = null;
        }
    }

    private goHome():void{
        this._pageFocusedPrev = this._pageFocused = GamePages.HOME;
        this.imgBg.source = "homeBg_jpg";
    }
```

```
private mbtnHandler( evt:egret.TouchEvent ):void{

    //已经选中不应当再处理
    if( evt.currentTarget == this._mbtnFocused ) {
        console.log( evt.currentTarget.name, "已经选中不应当再处理!" );
        return;
    }
    //逻辑生效，所有按钮锁定
    for( var i:number = this.btns.length - 1; i > -1; --i ){
        this.btns[i].enabled = false;
    }

    //移除上一焦点对应的按钮
    if( this._mbtnFocused ){
        this._mbtnFocused.selected = false;
        this._mbtnFocused.enabled = true;
    }
    //移除上一焦点对应的 UI
    if( this._uiFocused && this._uiFocused.parent ){
        this._uiFocused.parent.removeChild( this._uiFocused );
    }

    //设置当前焦点按钮
    this._mbtnFocused = evt.currentTarget;
    console.log( "选中", this._mbtnFocused.name );
    this._mbtnFocused.enabled = false;
    //焦点 UI 重置
    this._uiFocused = null;

    this._pageFocusedPrev = this._pageFocused;
    switch ( this._mbtnFocused ){
        case this.mbtnProfile:
            this._pageFocused = GamePages.PROFILE;
            break;
        case this.mbtnHeros:
            this._pageFocused = GamePages.HEROS ;
            break;
        case this.mbtnGoods:
            this._pageFocused = GamePages.GOODS ;
            break;
        case this.mbtnAbout:
            this._pageFocused = GamePages.ABOUT ;
```

```
                break;
        }
        this.dispatchEventWith( GameEvents.EVT_LOAD_PAGE, false, this._pageFocused );
}
private _pageFocusedPrev:string;

createChildren():void {
    super.createChildren();
}

private mbtnProfile:eui.ToggleButton;
private mbtnHeros:eui.ToggleButton;
private mbtnGoods:eui.ToggleButton;
private mbtnAbout:eui.ToggleButton;
private _mbtnFocused:eui.ToggleButton;

private _profileUI:ProfileUI;
private _herosUI:HerosUI;
private _goodsUI:GoodsUI;
private _aboutUI:AboutUI;
private _uiFocused:eui.Component;

private imgBg:eui.Image;

private _pageFocused:string;

public pageReadyHandler( pageName:String ):void {
    //页面加载完成，所有非焦点按钮解锁
    for( var i:number = this.btns.length - 1; i > -1; --i ){
        this.btns[i].enabled = ! this.btns[i].selected;
    }

    switch ( pageName ){
        case GamePages.PROFILE:
            if( !this._profileUI ){
                this._profileUI = new ProfileUI;
                this._profileUI.addEventListener( GameEvents.EVT_RETURN, ()=>{
                    this.resetFocus();
                    this.goHome();
                }, this );
            }
            this.imgBg.source = "commonBg_jpg";
```

```
        this._uiFocused = this._profileUI;
        break;
    case GamePages.HEROS:
        if( !this._herosUI ){
            this._herosUI = new HerosUI();
            this._herosUI.addEventListener( GameEvents.EVT_RETURN, ()=>{
                this.resetFocus();
                this.goHome();
            }, this );
        }
        this.imgBg.source = "bgListPage_jpg";
        this._uiFocused = this._herosUI;
        break;
    case GamePages.GOODS:
        if( !this._goodsUI ){
            this._goodsUI = new GoodsUI();
            this._goodsUI.addEventListener( GameEvents.EVT_RETURN, ()=>{
                this.resetFocus();
                this.goHome();
            }, this );
        }
        this.imgBg.source = "bgListPage_jpg";
        this._uiFocused = this._goodsUI;
        break;
    case GamePages.ABOUT:
        if( !this._aboutUI ){
            this._aboutUI = new AboutUI();
            this._aboutUI.addEventListener( GameEvents.EVT_CLOSE_ABOUT, ()=>{
                this.resetFocus();
                console.log( "关闭“关于”面板，返回:", this._pageFocusedPrev );
                switch ( this._pageFocusedPrev ){
                    case GamePages.PROFILE:
                        this.mbtnProfile.selected = true;
                        this.mbtnProfile.dispatchEventWith( egret.TouchEvent.TOUCH_TAP );
                        break;
                    case GamePages.HEROS:
                        this.mbtnHeros.selected = true;
                        this.mbtnHeros.dispatchEventWith( egret.TouchEvent.TOUCH_TAP );
                        break;
                    case GamePages.GOODS:
                        this.mbtnGoods.selected = true;
                        this.mbtnGoods.dispatchEventWith( egret.TouchEvent.TOUCH_TAP );
```

```
                            break;
                    }
                }, this );
            }
            this._uiFocused = this._aboutUI;
            break;
        }
    }
    //总是把页面放在背景的上一层
    this.addChildAt( this._uiFocused, this.getChildIndex( this.imgBg ) + 1 );
    }
}
```

3.　HerosUI.ts

```
class HerosUI extends eui.Component {

    constructor() {
        super();
        this.addEventListener( eui.UIEvent.COMPLETE, this.uiCompHandler, this );
        this.skinName = "resource/custom_skins/herosUISkin.exml";
    }

    private uiCompHandler():void {
        console.log( "\t\tHerosUI uiCompHandler" );

        //返回逻辑
        this.btnReturn.addEventListener( egret.TouchEvent.TOUCH_TAP, ()=> {
            this.dispatchEventWith( GameEvents.EVT_RETURN );
        }, this );

        //确定
        this.btnOK.addEventListener( egret.TouchEvent.TOUCH_TAP, () => {
            var dp:eui.ICollection = this.listHeros.dataProvider;
            var aNameChecked:string[] = new Array<string>();
            for ( var i:number = 0; i < dp.length; ++i ) {
                if ( dp.getItemAt( i ).checked ) {
                    aNameChecked.push( dp.getItemAt( i ).heroName );
                }
            }
            if ( aNameChecked.length ) {
                Toast.launch( "您选择了："+ aNameChecked.join( ", " ) );
            } else {
                Toast.launch( "你牛，一个也不选！" );
            }
```

```
                this.dispatchEventWith( GameEvents.EVT_RETURN );
            }, this );

            //填充数据
            var dsListHeros:Array<Object> = [
                { icon: "heros01_png", heroName: "伊文捷琳", comment: "评价：樱桃小丸子", checked: false }
                , { icon: "heros02_png", heroName: "亚特伍德", comment: "评价：离了我你不行的", checked: true }
                , { icon: "heros03_png", heroName: "伊妮德", comment: "评价：猴子请来搞笑的", checked: false }
                , { icon: "heros04_png", heroName: "鲁宾", comment: "评价：厉害", checked: false }
                , { icon: "heros05_png", heroName: "威弗列德", comment: "评价：这货碉堡了", checked: false }
                , { icon: "heros06_png", heroName: "史帝文", comment: "评价：咖啡不加糖", checked: false }
                , { icon: "heros07_png", heroName: "哈瑞斯", comment: "评价：猪一样的队友", checked: false }
            ];
            this.listHeros.dataProvider = new eui.ArrayCollection( dsListHeros );

            this.listHeros.itemRenderer = HerosListIRSkin;
        }

        protected createChildren():void {
            super.createChildren();

            //this.scrListHeros.horizontalScrollBar = null;
        }

        private btnOK:eui.Button;
        private btnReturn:eui.Button;

        private listHeros:eui.List;
        private scrListHeros:eui.Scroller;
    }

class HerosListIRSkin extends eui.ItemRenderer {

    private cb:eui.CheckBox;

    constructor() {
        super();
        this.skinName = "herosListIRSkin";
    }

    protected createChildren():void {
        super.createChildren();
```

```
this.cb.addEventListener( egret.Event.CHANGE, ()=> {
    console.log( "\tCheckbox 变化:", this.data.checked );
    this.data.checked = this.cb.selected;
}, this );
    }
}
```

4.3 EUI 详细介绍

经过了上述的实践，我们从整体来重新认识一下 EUI 的相关知识，读者可以在自己的项目中自由拓展其使用方法和范围。

EUI 是一套基于 Egret 核心显示列表的 UI 扩展库，它封装了大量的常用 UI 组件，能够满足大部分的交互界面需求，即使有更加复杂的组件需求，我们也可以基于 EUI 已有组件进行组合或扩展，从而快速实现需求。EUI 里可以使用 EXML 来开发应用界面，标签式的语法更加适合 UI 开发，EXML 开发可以做到 UI 与逻辑代码的分离，更利于团队协作和版本迭代。EUI 整体结构如图 4-27 所示。

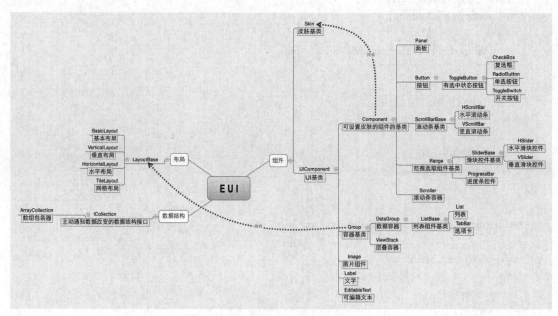

图 4-27 EUI 结构

4.3.1 EXML

EXML 是一种严格遵循 XML 语法的标记语言，通常用于描述静态 UI 界面。我们先来分析一个最简单的 EXML 文件内容：

```
<e:Group class="app.MyGroup" xmlns:e="http://ns.egret.com/eui"> </e:Group>
```

可以看到 EXML 跟 XML 一样，是由一个个标签组成的，每个标签都有一个命名空间前缀，例如<e:Group>中的 e，它对应的命名空间声明在根节点上：xmlns:e="http://ns.egret.com/eui"。以 e 这个命名空间开头的节点，表示在 EUI 这个 UI 库中的组件。而<e:Group>中的 Group 就是对应代码中的 eui.Group 类。

上面的例子中只有一个根节点，根节点上的 class 属性表示它在运行时解析后要注册成为的全局类名。以上的 EXML 文件在运行时解析后完全等价于如下代码：

```
1.   module app {
2.       export class MyGroup extends eui.Group {
3.           public constructor(){
4.               super();
5.           }
6.       }
7.   }
```

从这个简单的例子可以看出 EXML 文件与代码的对应关系。EXML 解析后会变成一个自定义类，继承的父类就是 EXML 的根节点，模块名和类名定义在跟节点上的 class 属性内。

在 EUI 中，EXML 是可以运行时加载解析的。我们可以把它当作标准的文本文件加载后解析，或者直接将 EXML 文本内容嵌入代码中解析。下面是一个 EXML 文件内容的示例，它描述了一个按钮的皮肤：

```
1.   <?xml version="1.0" encoding="utf-8" ?> <e:Skin class="skins.ButtonSkin" states="up,down,disabled"
     minHeight="50" minWidth="100" xmlns:e="http://ns.egret.com/eui"> <e:Image width="100%"
     height="100%" scale9Grid="1,3,8,8" alpha.disabled="0.5"
2.   source="button_up_png"
3.   source.down="button_down_png"/> <e:Label id="labelDisplay" top="8" bottom="8" left="8"
     right="8"
4.   size="20" fontFamily="Tahoma 'Microsoft Yahei'"
5.   verticalAlign="middle" textAlign="center" text="按钮" textColor="0x000000"/> <e:Image
     id="iconDisplay" horizontalCenter="0" verticalCenter="0"/> </e:Skin>
```

运行时显示结果如图 4-28 所示。

图 4-28　运行按钮

1. 动态加载 EXML 文件

上面介绍了 EXML 根节点是皮肤（Skin）的情况，若描述的对象不是皮肤，那么我们就得采用更加通用的一种加载解析方式。可以直接使用 EXML.load()方法来加载并解析外部的 EXML 文件，加载完成后，回调函数的参数会传入解析后的类定义，可以用 new 命令将外部类的定义动态实例化，或直接赋值给组件的 skinName 属性（如果 EXML 根节点是 Skin）。下面看一个简单的例子：

```
1.   private init():void{
2.       EXML.load("skins/ButtonSkin.exml",this.onLoaded,this);
3.   }
4.
5.   private onLoaded(clazz:any,url:string):void{
6.       var button = new eui.Button();
7.       button.skinName = clazz;
8.       this.addChild(button);
9.   }
```

2．嵌入 EXML 文本内容到代码中

EXML 同样也提供了文本的解析方式，对于这个过程我们可以直接类比对 JSON 文件的处理，两者几乎是一样的。我们可以使用 HttpRequest 去加载 EXML 文件的文本内容，然后运行时调用 EXML.parse(exmlText)方法去解析，这样便会立即返回解析后的类定义。当然，我们也可以跳过异步加载，直接在代码中嵌入 EXML 文本内容：

```
1.   var exmlText = `<?xml version="1.0" encoding="utf-8" ?> <e:Skin class="skins.ButtonSkin" states=
"up,down,disabled" minHeight="50" minWidth="100" xmlns:e="http://ns.egret.com/eui"> <e:Image width="100%"
height="100%" scale9Grid="1,3,8,8" alpha.disabled="0.5"
2.   source="button_up_png"
3.   source.down="button_down_png"/> <e:Label id="labelDisplay" top="8" bottom="8" left="8" right="8"
4.   size="20" fontFamily="Tahoma 'Microsoft Yahei'"
5.   verticalAlign="middle" textAlign="center" text="按钮" textColor="0x000000"/> <e:Image
id="iconDisplay" horizontalCenter="0" verticalCenter="0"/> </e:Skin>`;
6.
7.
8.   var button = new eui.Button();
9.   button.skinName = exmlText;
10.  this.addChild(button);
```

注意观察上面的例子，这里有个嵌入多行文本的技巧，我们可以不用写一堆的'\n'+符号来连接字符串，而是直接使用头尾一对 "`" 符号（对应波浪线那个按键）来包裹多行文本。另外，包含在这对符号之间的文本内容，还可以使用${key}的形式来引用代码中的变量，来进行简洁的字符串拼接：

```
1.   var className = "skins.ButtonSkin";
2.   var exmlText = `<e:Skin class="${className}" states="up,over,down,disabled" xmlns:s="http://
ns.egret.com/eui">                ...
3.                   </e:Skin>`;
```

4.3.2　控件和容器

1. 文本

文本控件对应的类是 eui.Label。eui.Label 继承自 egret.TextField，它实现了 eui.UIComponent 接口。因此它不仅拥有基本的文本功能（egret.TextField），还有自动布局功能（eui.UIComponent）。

eui.Label 的使用方式也非常简单，例如：

```
1.    var label:eui.Label = new eui.Label();
2.    label.text = "eui Label 测试";
3.    this.addChild(label);
```

得到的效果如图 4-29 所示。

$$eui\ Label\ 测试$$

图 4-29　文本控件

以上程序设置了显示文字，我们还可以修改样式，实现不同的显示效果：

```
1.    label.width = 400;              //设置宽度
2.    label.height = 300;            //设置高度
3.    label.fontFamily = "Tahoma";  //设置字体
4.    label.textColor = 0xFF0000;   //设置颜色
5.    label.size = 35;              //设置文本字号
6.    label.bold = true;            //设置是否加粗
7.    label.italic = true;          //设置是否斜体
8.    label.textAlign = "right";    //设置水平对齐方式
9.    label.verticalAlign = "middle"; //设置垂直对齐方式
```

得到的效果如图 4-30 所示。

eui Label 测试

图 4-30　修改样式

Label 既可以显示单行文本，也可以显示多行文本。当我们为 Label 设定了宽度，并且文本长度大于设定宽度的时候，文本就会自动换行。

```
1.    label.width = 200;
2.    label.height = 60;
3.    label.size = 14;
4.    label.lineSpacing = 2;     //行间距
```

5.　　label.text = "很多的文字很多的文字很多的文字很多的文字很多的文字很多的文字";

得到的效果如图 4-31 所示。

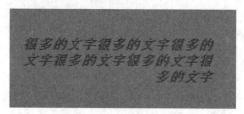

图 4-31　显示多行文本

2.　图片

图片控件对应的类是 eui.Image。eui.Image 继承自 egret.Bitmap，实现了 eui.UIComponent 接口。因此它不仅拥有基本的位图功能（egret.Bitmap），还有自动布局功能（eui.UIComponent）。

使用 egret.Image 加载并显示一张图片非常简单，代码如下：

```
1.    var image = new eui.Image();
2.    image.source = "image/icon.png";
3.    this.addChild(image);
```

显示的九宫格图片如图 4-32 所示。

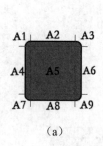

（a）

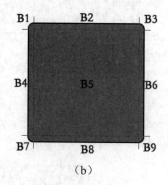

（b）

图 4-32　九宫格图片

图 4-32（a）是尺寸为 100×100 的原图，它显示的是一个圆角区域为 10 的圆角矩形；图 4-32（b）是尺寸为 200×200 的结果图片，它显示的同样是一个圆角区域为 10 的圆角矩形。

把以上两张图片都分为 9 个部分，原图划分的区域是 A1～A9，结果图片划分的区域是 B1～B9。其中 B1、B3、B7、B9 是 A1、A3、A7、A9 的直接拷贝，B2、B8 是 A2、A8 经过 X 方向的放大变换而来的，B4、B6 是 A4、A6 经过 Y 方向的放大变换而来的，B5 是 A5 经过 X、Y 方向的放大变换而来的。如果 A2、A8 区域的 X 方向放大不变形，A4、A6 区域的 Y 方向放大不变形，A5 区域的 X、Y 方向放大不变形，则原图无论怎么放大都不会变形。

需要注意的是缩小可能会出现问题。

Image 的 scale9Grid 属性是一个指定的矩形区域，它对应 A5 区域的起点坐标以及宽高。若显示一个指定尺寸为 200×200 的九宫格图片，代码如下：

```
1.   var image = new eui.Image();
2.   image.source = "image/uibg.png";
3.   image.scale9Grid = new egret.Rectangle(10,10,80,80);
4.   image.width = 200;
5.   image.height = 200;
6.   this.addChild(image);
```

3．按钮

按钮控件对应的类是 eui.Button。eui.Button 继承自 eui.Component 类，因此它是可定制皮肤的。要显示一个按钮，通常要给这个按钮指定一个皮肤，按钮的代码如下：

```
1.   var button = new eui.Button();
2.   button.width = 100;
3.   button.height = 40;
4.   button.label = "确定";
5.   button.skinName = "ButtonSkin.exml";
6.   this.addChild(button);
```

按钮的效果如图 4-33 所示。

图 4-33　按钮控件

一个按钮的皮肤通常需要有 up、down、disabled 几个状态。如果按钮没显示出来，应确认：①是否正确配置了皮肤；②组件皮肤和相关素材是否在项目中。

按钮可以设置"禁用"功能，禁用的按钮会以另外一种样式显示（进入 disabled 视图状态），且不再响应交互，设置 enabled 属性可以控制是否禁用：

```
button.enabled = false;
```

在按钮上，可以添加"事件监听"功能，判断当用户按下按钮后，下一步要执行的方法：

```
1.   button.addEventListener(egret.TouchEvent.TOUCH_TAP,this.btnTouchHandler,this);
2.
3.   private btnTouchHandler(event:egret.TouchEvent):void {
4.        console.log("button touched");
5.   }
```

我们可以设置按钮的宽度和高度，按钮上的文本会自动居中，以适应不同的按钮尺寸（见图 4-34）：

```
1.   var button = new eui.Button();
```

```
2.    button.width = 100;
3.    button.height = 40;
4.    button.label = "确定";
5.    this.addChild(button);
6.    var button2 = new eui.Button();
7.    button2.y = 50;
8.    button2.width = 200;
9.    button2.height = 200;
10.   button2.label = "确定";
11.   this.addChild(button2);
```

图 4-34　按钮文本居中

如果想要获取按钮的文本对象，可使用如下方法：

```
1.    var button = new eui.Button();
2.    (<eui.Label>button.labelDisplay).size = 50；
```

labelDisplay 是个接口，使用 eui.Label 转换一下即可。

4. 复选框

复选框控件 eui.CheckBox 继承自切换按钮 eui.ToggleButton。当它被选中时，selected 属性将变为 true，反之则为 false。

复选框也继承自按钮 eui.Button 和容器 eui.Component，它具有按钮和容器的基本功能。

```
1.    var cbx = new eui.CheckBox();
2.    cbx.label = "选择 1";
3.    this.addChild(cbx);
4.    cbx.addEventListener(
5.        eui.UIEvent.CHANGE,
6.        (evt:eui.UIEvent)=>{egret.log(evt.target.selected);
7.        },this
8.    );
9.
10.   var cbx2 = new eui.CheckBox();
11.   cbx2.label = "选择 2";
```

```
12.    cbx2.y = 30;
13.    this.addChild(cbx2);
14.
15.    var cbx3 = new eui.CheckBox();
16.    cbx3.label = "选择 3";
17.    cbx3.y = 60;
18.    cbx3.enabled = false;//禁用复选框
19.    this.addChild(cbx3);
```

得到的效果如图 4-35 所示。

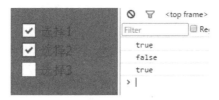

图 4-35　复选框控件

5．单选按钮

单选按钮和复选框的区别在于，单选按钮不会单独使用，而是若干个单选按钮结成一组来使用，并且选择是排斥性的，如果选择了 A，那 BCD 则会自动切换到非选中状态。如果界面上不止一组单选按钮，那么结组使用就更有必要了，并且必须保证不同的单选按钮组之间互不干扰。

创建一个单选按钮的方式非常简单，程序如下：

```
1.    var rdb:eui.RadioButton = new eui.RadioButton();
2.    rdb.label = "选择 1";
3.    rdb.value =1;
4.    this.addChild(rdb);
```

注意上面的 value 属性，我们可以将想附加的数据设置在这个属性上，类型是不限的，可以是数字、字符串，也可以是一个自定义类型的对象。

当用户选择了某一个单选按钮，我们就可以直接取出它上面附加的数据来使用。

当然，一个单选按钮没有实际意义，我们来看看如何创建多个单选按钮并结组。

方式 1：使用 groupName

```
1.    private initRadioButton():void {
2.        var rdb: eui.RadioButton = new eui.RadioButton();
3.        rdb.label = "选择我 1";
4.        rdb.value = 145;
5.        rdb.groupName = "G1";
6.        rdb.addEventListener(eui.UIEvent.CHANGE,
7.            this.radioChangeHandler,
8.            this);
```

```
9.        this.addChild(rdb);
10.       var rdb2: eui.RadioButton = new eui.RadioButton();
11.       rdb2.y = 30;
12.       rdb2.label = "选择我 2";
13.       rdb2.value = 272;
14.       rdb2.selected = true;//默认选项
15.       rdb2.groupName = "G1";
16.       rdb2.addEventListener(eui.UIEvent.CHANGE,
17.           this.radioChangeHandler,
18.           this);
19.       this.addChild(rdb2);
20.    }
21.    private radioChangeHandler(evt:eui.UIEvent):void {
22.        egret.log(evt.target.value);
23.    }
```

得到的效果如图 4-36 所示。

图 4-36　单选按钮

这样的实现方式较为简单，但缺点是：如果想监视选项的变化，则需要在每个单选按钮上都添加 egret.Event.CHANGE 事件监听；如果想得到最终选定的那个值，就必须循环判断，找到 selected = true 的那个单选按钮，取它的值。所以我们更推荐使用第二种方案。

方式 2：使用 RadioButtonGroup

这种方式是创建一个 egret.gui.RadioButtonGroup 的实例，并设置到每个单选按钮的 group 属性上。这样的好处在于，我们只需要处理 RadioButtonGroup 实例上的事件监听，就能捕获数值的变化，要取得最终选择的那个值，也是从 RadioButtonGroup 实例上直接获取。示例代码如下：

```
1.     private initRadioButtonWithGroup():void {
2.         var radioGroup: eui.RadioButtonGroup = new eui.RadioButtonGroup();
3.         radioGroup.addEventListener(eui.UIEvent.CHANGE, this.radioChangeHandler, this);
4.         var rdb: eui.RadioButton = new eui.RadioButton();
5.         rdb.label = "选择我 1";
6.         rdb.value = 145;
7.         rdb.group = radioGroup;
8.         this.addChild(rdb);
9.         var rdb2: eui.RadioButton = new eui.RadioButton();
10.        rdb2.y = 30;
11.        rdb2.label = "选择我 2";
```

```
12.        rdb2.value = 272;
13.        rdb2.selected = true;//默认选项
14.        rdb2.group = radioGroup;
15.        this.addChild(rdb2);
16.    }
17.    private radioChangeHandler(evt:eui.UIEvent):void {
18.        var radioGroup: eui.RadioButtonGroup = evt.target;
19.        console.log(radioGroup.selectedValue);
20.    }
```

6. 状态切换按钮

ToggleButton，顾名思义就是一个具备状态的按钮，这个状态就是 selected 属性，类型是布尔量，默认为 false，当点击一下按钮，selected 将变为 true，再点击一下，重新变成 false。在显示上也是有区别的，选中和非选中的外观是不一样的。

eui.ToggleSwitch 用来定义开关组件，包括开启状态和关闭状态的皮肤。它继承自 eui.ToggleButton，可以使用 selected 来设置或获取其开关状态。

```
1.    private initSwitch():void{
2.        var btn: eui.ToggleSwitch = new eui.ToggleSwitch();
3.        btn.label = "我是 ToggleButton";
4.        btn.addEventListener(eui.UIEvent.CHANGE, this.changeHandler, this);
5.        this.addChild(btn);
6.    }
7.    private changeHandler(evt:eui.UIEvent) {
8.        egret.log(evt.target.selected);
9.    }
```

得到的效果如图 4-37 所示。

图 4-37   状态切换按钮

在下面的例子中，我们结合若干个 ToggleButton，就可以实现类似 TabBar 这样的效果，如图 4-38 所示。

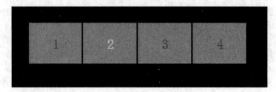

图 4-38　TabBar 效果

```
1.    private toggleBtns:Array<eui.ToggleButton> = [];
2.    private initToggleBar():void {
3.        for (var i: number = 0; i < 4; i++) {
4.            var btn: eui.ToggleButton = new eui.ToggleButton();
5.            btn.label = i + 1 + "";
6.            btn.y = 100;
7.            btn.width = 80;
8.            btn.height = 60;
9.            btn.x = 20 + i * 80;
10.           btn.addEventListener(eui.UIEvent.CHANGE, this.toggleChangeHandler, this);
11.           this.toggleBtns.push(btn);
12.           this.addChild(btn);
13.       }
14.   }
15.   private toggleChangeHandler(evt: eui.UIEvent) {
16.       for (var i: number = 0; i < this.toggleBtns.length; i++) {
17.           var btn: eui.ToggleButton = this.toggleBtns[i];
18.           btn.selected = (btn == evt.target);
19.       }
20.   }
```

7. 滑块

还记得手机上的亮度调节工具吗？在 EUI 中也有类似的组件，即滑块控件。滑块控件实际上是两个组件，根据方向，分为水平滑块控件（eui.HSlider）和垂直滑块控件（eui.VSlider）。

（1）水平滑块控件。

```
1.    private initHSlider():void {
2.        var hSlider: eui.HSlider = new eui.HSlider();
3.        hSlider.width = 200;
4.        hSlider.x = 20;
5.        hSlider.y = 20;
6.        hSlider.minimum = 0;           //定义最小值
7.        hSlider.maximum = 100;         //定义最大值
8.        hSlider.value = 10;            //定义默认值
9.        hSlider.addEventListener(eui.UIEvent.CHANGE, this.changeHandler, this);
10.       this.addChild(hSlider);
11.   }
```

```
12.    private changeHandler(evt: eui.UIEvent): void {
13.        console.log(evt.target.value);
14.    }
```

得到的效果如图 4-39 所示。

图 4-39　水平滑块控件

（2）垂直滑块控件。

```
1.    private initVSlider():void {
2.        var vSlider: eui.VSlider = new eui.VSlider();
3.        vSlider.height = 200;
4.        vSlider.x = 100;
5.        vSlider.y = 60;
6.        vSlider.minimum = 100;        //定义最小值
7.        vSlider.maximum = 200;        //定义最大值
8.        vSlider.value = 120;          //定义默认值
9.        vSlider.addEventListener(eui.UIEvent.CHANGE, this.changeHandler, this);
10.       this.addChild(vSlider);
11.    }
12.    private changeHandler(evt: eui.UIEvent): void {
13.        console.log(evt.target.value);
14.    }
```

得到的效果如图 4-40 所示。

图 4-40　垂直滑块控件

8. 进度条

进度条（eui.ProgressBar）一般用在加载某个或某组资源的时候，显示加载进程，帮助用户消磨加载过程这段无聊的时间。

跟前面的滑块控件（eui.Slider）一样，进度条控件也继承自 eui.Range 控件。也就是说，进度条控件（eui.ProgressBar）也可以设置 maximum、minimum、value 等属性。

（1）水平方向进度条。

```
1.    private pBar:eui.ProgressBar
2.    private initProgressBar():void{
3.        this.pBar = new eui.ProgressBar();
4.        this.pBar.maximum = 210;          //设置进度条的最大值
5.        this.pBar.minimum = 0;            //设置进度条的最小值
6.        this.pBar.width = 200;
7.        this.pBar.height = 30;
8.        this.addChild(this.pBar);
9.        this.pBar.value = 42;             //设置进度条的初始值
10.       //用 timer 来模拟加载进度
11.       var timer:egret.Timer = new egret.Timer(10,0);
12.       timer.addEventListener(egret.TimerEvent.TIMER,this.timerHandler,this);
13.       timer.start();
14.   }
15.   private timerHandler():void{
16.       this.pBar.value += 1;
17.       if(this.pBar.value>=210){this.pBar.value=0;}
18.   }
```

得到的效果如图 4-41 所示。

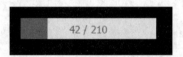

图 4-41　水平方向进度条

（2）垂直方向进度条。

```
1.    private vBar:eui.ProgressBar;
2.    private initProgressvBar() {
3.
4.        this.vBar = new eui.ProgressBar();
5.        this.vBar.direction = eui.Direction.BTT;   //从下到上
6.        this.vBar.maximum = 210;                    //设置进度条的最大值
7.        this.vBar.minimum = 0;                      //设置进度条的最小值
8.        this.vBar.width = 30;
9.        this.vBar.height = 200;
10.       this.addChild(this.vBar);
11.       this.vBar.value = 42;                       //设置进度条的初始值
12.       //用 timer 来模拟加载进度
13.       var timer:egret.Timer = new egret.Timer(10,0);
14.       timer.addEventListener(egret.TimerEvent.TIMER,this.timerVBarHandler,this);
```

```
15.        timer.start();
16.    }
17.    private timerVBarHandler():void{
18.        this.vBar.value += 1;
19.        if(this.vBar.value>=210){
20.            this.vBar.value=0;
21.        }
22.    }
```

得到的效果如图 4-42 所示。

9．输入文本

（1）基础输入控件 EditableText。

EUI 为我们提供了文本输入控件，使用 eui.EditableText 可以创建可供用户输入的文本控件。eui.EditableText 继承自 egret.TextInput，也就是说 eui.EditableText 可以使用 egret.TextField 和 egret.TextInput 的属性和方法。

我们准备一张图片作为背景素材（见图 4-43）：

图 4-42　垂直方向进度条   图 4-43　背景素材

新建一个 EditableTextDemo 类，并绘制一张背景，具体代码如下：

```
1.    class EditableTextDemo extends eui.Group {
2.        public constructor () {
3.            super();
4.        }
5.        //新建一个背景图片
6.        private background:eui.Image = new eui.Image();
7.        //新建一个输入框
8.        private myEditableText:eui.EditableText = new eui.EditableText();
9.
10.   }
```

我们通过 eui.EditableText()新建了一个文本输入控件，接下来继续完善程序，这里涉及图片控件的内容，读者可以复习一下。

```
1.    class EditableTextDemo extends eui.Group {
```

```
2.        public constructor () {
3.            super();
4.            //指定图片素材，这里使用图 4-43 所示的图片，并将其放入相应文件夹下
5.            this.background.source = "resource/assets/checkbox_unselect.png";
6.            //指定图片的九宫格
7.            this.background.scale9Grid = new egret.Rectangle(1.5,1.5,20,20);
8.            //指定图片宽和高，用来当作背景.
9.            this.background.width = 500;
10.           this.background.height = 200;
11.           //将背景添加到显示列表
12.           this.addChild(this.background);
13.           //指定默认文本，用户可以自己输入，也可以将其删除
14.           this.myEditableText.text = "my EditableText";
15.           //指定文本的颜色
16.           this.myEditableText.textColor = 0x2233cc;
17.           //指定文本输入框的宽和高
18.           this.myEditableText.width = this.background.width;
19.           this.myEditableText.height = this.background.height;
20.           //设置文本左边距为零
21.           this.myEditableText.left = 0;
22.           //将文本添加到显示列表
23.           this.addChild(this.myEditableText);
24.
25.       }
26.       private background:eui.Image = new eui.Image();
27.       private myEditableText:eui.EditableText = new eui.EditableText();
28.
29.   }
```

需要注意的是，EditableTextDemo 类的实例需要被添加至舞台才可以显示出来。编译运行项目就可以看到 EditableTextDemo 的显示了（见图 4-44）。

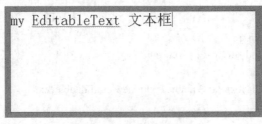

图 4-44　文本输入控件

我们还可以操作 myEditableText 的其他属性，比如添加自动换行、添加密码显示等。在上面的构造函数中可以添加以下代码，其效果如图 4-45 所示。

1. //添加密码显示，添加在 constructor ()内
2. this.myEditableText.displayAsPassword = true;

图 4-45　密码显示输入文本

当用户输入了文本之后，我们可以通过 text 属性获得用户输入的内容。首先修改一下上面的代码，添加在 constructor ()内，具体如下：

1. //让文本能被显示出来
2. this.myEditableText.displayAsPassword = fale;
3. //表示文本字段是否按单词换行。如果值为 true，则该文本字段按单词换行，反之则该文本字段按字符换行
4. this.myEditableText.wordWrap = true;
5. //添加监听，监听用户的输入
6. this.myEditableText.addEventListener(egret.Event.CHANGE,this.onChang,this);

接下来添加一个处理函数，在 EditableTextDemo 内添加：

1. private onChang(e:egret.Event){
2. 　　egret.log(e.target.text);
3. }

效果如图 4-46 所示。

```
my EditableText 看看我们输入的文
本是否能被获得
```

my EditableText 看看我们输入的文本是否能被获得　　　　lark.web.js:2520

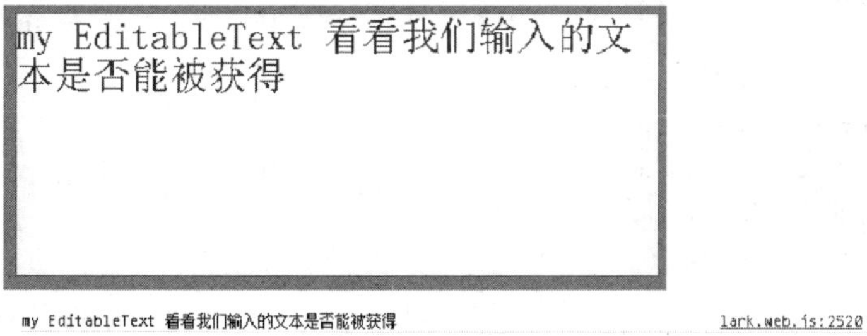

图 4-46　获得输入内容

（2）输入控件 TextInput。

TextInput 是一个方便的文本输入控件。先来看一下它的默认皮肤：

1. 　　<?xml version='1.0' encoding='utf-8'?> <e:Skin class="skins.TextInputSkin" minHeight="40" minWidth="300"

2.　　　　states="normal,disabled,normalWithPrompt,disabledWithPrompt" xmlns:e="http://ns.egret.com/eui">
<e:Image width="100%" height="100%" scale9Grid="1,3,8,8" source="button_up_png"/> <e:Rect height="100%" width="100%" fillColor="0xffffff"/> <e:EditableText id="textDisplay" verticalCenter="0" left="10" right="10"

3.　　　　textColor="0x000000" textColor.disabled="0xff0000"

4.　　　　width="200" height="100%" size="20" /> <e:Label id="promptDisplay" verticalCenter="0" left="10" right="10"

5.　　　　textColor="0xa9a9a9" width="100%" height="24" size="20"

6.　　　　touchEnabled="false" includeIn="normalWithPrompt,disabledWithPrompt"/> </e:Skin>

它的皮肤需要包含一个 EditableText 的文本实体输入组件 textDisplay 和一个 Label 组件 promptDisplay。我们可以选择使用其添加一个背景，来组成 TextInput 的皮肤。

在程序中使用 TextInput 跟其他控件类似，可以参考下面的代码：

1.　　var textInput = new eui.TextInput();

2.　　textInput.skinName = "resource/eui_skins/TextInputSkin.exml";

3.　　textInput.prompt = "请输入文字";

4.　　this.addChild(textInput);

可通过设置 protmpt 属性来设置默认的文字，也可以通过 textDisplay 属性来取得文本输入组件。

10.　简单容器（Group）

在 EUI 提供的容器中，Group 是最轻量级的，它本身不可以设置皮肤，也不具备外观，它的呈现只取决于内部的显示对象。如果需要使用容器，并且没有设置皮肤的需求，那么请尽量使用 Group。

如果自定义一个类，其继承自 Group，那么请注意，其内部的其他对象应该在 createChildren() 方法中创建和添加，也就是说要覆盖 Group 的 createChildren() 方法。参见下面的例子：

1.　　class GroupDemo extends eui.Group {

2.　　　　constructor() {

3.　　　　　　super();

4.　　　　}

5.　　　　protected createChildren(): void {

6.　　　　　　super.createChildren();

7.　　　　　　var btn: eui.Button = new eui.Button();

8.　　　　　　btn.label = "Button";

9.　　　　　　this.addChild(btn);

10.　　　}

11.　}

EUI 中容器的一个显著特点是：可以配置一个 layout 对象，来实现不同的布局方式。这对开发工作是非常有好处的，可以使用默认的几个布局类，来节省大量的编码工作。下面的示例演示了使用垂直布局来排列 4 个按钮：

1.　　class GroupDemo extends eui.Group {

2.　　　　constructor() {

```
3.          super();
4.      }
5.
6.      protected createChildren():void {
7.          super.createChildren();
8.          this.layContents();
9.      }
10.
11.     private myGroup:eui.Group;
12.
13.     private layContents():void {
14.         //设置默认主题
15.         var theme = new eui.Theme(`resource/default.thm.json`, this.stage);
16.         //创建一个 Group
17.         var myGroup = new eui.Group();
18.         myGroup.x = 100;
19.         myGroup.y = 100;
20.         myGroup.width = 500;
21.         myGroup.height = 300;
22.         this.myGroup = myGroup;
23.         this.addChild(myGroup);
24.         //绘制矩形用于显示 myGroup 的轮廓
25.         var outline:egret.Shape = new egret.Shape;
26.         outline.graphics.lineStyle(3,0x00ff00);
27.         outline.graphics.beginFill(0x1122cc,0);
28.         outline.graphics.drawRect(0, 0, 500, 300);
29.         outline.graphics.endFill();
30.         myGroup.addChild(outline);
31.         //在 myGroup 中创建 4 个按钮
32.         for (var i:number = 0; i < 4; i++) {
33.             var btn:eui.Button = new eui.Button();
34.             btn.label = "button" + i;
35.             btn.x = 10 + i * 30;
36.             btn.y = 10 + i * 30;
37.             myGroup.addChild(btn);
38.         }
39.         //使用绝对布局，会忽略 myGroup 中按钮的自定义坐标
40.         myGroup.layout = new eui.VerticalLayout();
41.     }
42. }
```

编译运行，效果如图 4-47 所示。

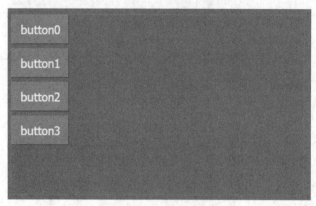

图 4-47　简单容器

一些使用技巧：

● 调用 removeChildren 方法可以删除所有的内部显示对象。

● Group 和所有其他 UI 组件都遵循一个原则：组件在没被外部显式设置尺寸（直接设置 width/height）的前提下，会自己测量出一个"合适"的大小，这时候 Group 的宽高就是 contentWidth 和 contentHeight 的宽高。如果外部显式设置了 Group 的尺寸，则它的尺寸不一定等于内部对象尺寸。比如 Group 高度是 100 像素，但内部几个按钮的高度加起来是 400 像素，此时通过 group.height 获取的高度还是 100 像素。我们可以使用 contentWidth 和 contentHeight 属性来获取内部高度。

● 如果内部尺寸超出容器尺寸，默认是全部显示的，我们可以设置 scrollEnabled = true，这样超出的部分就不再显示了。

效果如图 4-48 所示。

11. 层叠容器（ViewStack）

我们可以在 ViewStack 这个容器中添加多个子项，但只能显示其中的一个。可以通过设置 selectedIndex 或者 selectedChild 属性，来控制当前应该显示的子项。

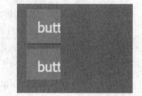

图 4-48　不显示超出内容

首先我们创建一个专用于显示 ViewStack 的类：

```
1.   class ViewStackDemo extends eui.Group {
2.       private viewStack:eui.ViewStack;
3.       public constructor() {
4.           super();
5.       }
6.       protected createChildren():void {
7.           super.createChildren();
8.
9.           this.viewStack = new eui.ViewStack();
10.          var btnA:eui.Button = new eui.Button();
```

```
11.          btnA.label = "egret Button A";
12.          this.viewStack.addChild( btnA );
13.          var btnB:eui.Button = new eui.Button();
14.          btnB.label = "egret Button B";
15.          this.viewStack.addChild( btnB );
16.          //设置默认选项
17.          this.viewStack.selectedIndex = 1;
18.          //timer 控制选项切换
19.          var timer:egret.Timer = new egret.Timer( 500 );
20.          timer.addEventListener( egret.TimerEvent.TIMER, this.changeIndexByTimer, this );
21.          timer.start();
22.
23.          //显示
24.          this.addChild( this.viewStack );
25.      }
26.      private changeIndexByTimer( evt:egret.TimerEvent ):void {
27.          this.viewStack.selectedIndex = this.viewStack.selectedIndex == 0 ? 1 : 0 ;
28.      }
29.  }
```

可以看到 ViewStack 中的两个按钮按照设定的间隔自动变换的效果，如图 4-49 所示。

图 4-49　层叠容器

12. 面板容器（Panel）

面板（Panel）也是个常用的容器，这种类型的组件在很多领域的 UI 库中都存在，也是开发者比较熟知的一种容器，它和 Group 的区别在于，我们可以给它附加一个皮肤，并设置一个标题栏和关闭按钮，实现类似图 4-50 所示的结构。

图 4-50　面板容器

在皮肤中，标题栏的位置由我们自己决定，通过发挥想象力，可以得到各种奇异的面板效果，如图 4-51 所示。

图 4-51　自定义标题栏位置

下面来看一下，如何制作标准 Panel，代码示例如下：

```
1.    class PanelDemo extends eui.Group {
2.        constructor() {
3.            super();
4.        }
5.        protected createChildren() {
6.            super.createChildren();
7.            var theme = new eui.Theme(`resource/default.thm.json`, this.stage);
8.            var exml = `
9.            <e:Skin class="skins.PanelSkin" minHeight="230" minWidth="450" xmlns:e="http://ns.egret.
com/eui"> <e:Image left="0" right="0" bottom="0" top="0" source="resource/assets/Panel/border.png" scale9Grid=
"2,2,12,12" /> <e:Group id="moveArea" width="450" height="45" top="0"> <e:Image width="100%" height= "100%"
source="resource/assets/Panel/header.png"/> <e:Label id="titleDisplay" fontSize="20" textColor="0x000000"
horizontalCenter="0" verticalCenter = "0"/> </e:Group> <e:Button id="closeButton" label="touch to close" bottom
="5" horizontalCenter="0"/> </e:Skin>
10.           var myPannel = new eui.Panel();
11.           myPannel.skinName = exml;
12.           myPannel.title = "titleHello";
13.           this.addChild(myPannel)
14.       }
15.   }
```

显示效果如图 4-52 所示。

Panel 中有三个默认的皮肤部件，就是上面代码中 exml 皮肤里对应的 id="xxx"。Panel 容器为它们提供了一些默认的功能，若皮肤中不存在这些 id，对应的逻辑功能将无法使用。

● moveArea

图 4-52 显示效果中"titleHello"标题的底部长条，在这个区域按住鼠标左键并拖动鼠标

可以拖拽整个面板。

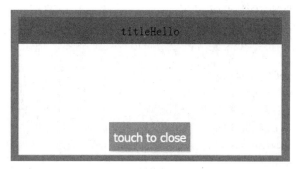

图 4-52　制作标准 Panel

- titleDisplay

图 4-52 显示效果中顶部的"titleHello"标题，可以通过 panel.text = "xxxx" 给它赋值。

- closeButton

图 4-52 显示效果中底部的"touch to close"按钮，点击它会把面板关闭。

13．滚动控制容器（Scroller）

屏幕的尺寸总是有限的，当显示的内容超出了屏幕的范围时，该如何处理呢？在 PC 上浏览网页的时候，我们如何看到屏幕显示不下的那些内容呢？答案是用滚动条。通过拉动滚动条，我们就能一点一点地看完整个网页。这里就引入了一个概念：视口（ViewPort），如图 4-53 所示。

可以这样理解：视口就是显示器，内容可以在视口中滚动，这样我们就可以看到本来隐藏的那些部分了。在 PC 上，我们用滚动条来控制内容滚动；在手机上就比较特殊了，我们是用手指的滑动，实现类似滚动条的效果。对于移动设备的浏览器来说，"滚动"是内置的功能，一个网页不需要特殊设置就能使用这个功能。但对于 Egret 来说，"滚动"却是需要自己实现的，因为 Egret 一般情况下要禁用浏览器的滚动，以免对交互造成干扰。对于在 Canvas 上绘制的内容，"滚动"是需要自己去"虚拟实现"的。

图 4-53　视口概念

好在 EUI 中已经提供了一个组件，就是 Scroller。我们只需要创建一个 Scroller 的实例，设置位置和尺寸，然后把需要"滚动"的那个容器设置到 Scroller 的 viewport 属性上就可以了。

下面的示例中我们使用了一张比较大的图片，手机屏幕是显示不下的，然后我们看看如何交给 Scroller 来处理：

```
1.    class ScrollerDemo extends eui.Group {
2.        constructor() {
3.            super();
4.        }
5.        protected createChildren() {
6.            super.createChildren();
7.            //创建一个容器，里面包含一张图片
8.            var group = new eui.Group();
9.            var img = new eui.Image("resource/bg.jpg");
10.           group.addChild(img);
11.           //创建一个 Scroller
12.           var myScroller = new eui.Scroller();
13.           //注意位置和尺寸的设置是针对 Scroller 的，而不是容器
14.           myScroller.width = 200;
15.           myScroller.height = 200;
16.           //设置 viewport
17.           myScroller.viewport = group;
18.           this.addChild(myScroller);
19.       }
20.   }
```

位置和尺寸的设置应该是针对 Scroller，而不是容器，这是新手容易犯的错误，需要注意。
实现效果如图 4-54 所示。

图 4-54　滚动控制器

（1）定位滚动位置。

除了通过手指控制 Scroller 外，通过代码也可以获取和控制滚动的位置。

```
1.    Scroller.viewport.scrollV    //纵向滚动的位置
2.    Scroller.viewport.scrollH    //横向滚动的位置
```

改变这两个值，就可以改变滚动的位置。

下面是一个滚动的示例，初始化以后就会改变 Scroller 里列表的位置，点击按钮也会移动列表。

```
1.    class ScrollerPosition extends eui.UILayer {
2.        private scroller: eui.Scroller;
3.        constructor() {
4.            super();
5.            //创建一个列表
6.            var list = new eui.List();
7.            list.dataProvider = new eui.ArrayCollection([1, 2, 3, 4, 5]);
8.            //创建一个 Scroller
9.            var scroller = new eui.Scroller();
10.           scroller.height = 160;
11.           scroller.viewport = list;
12.           this.addChild(scroller);
13.           this.scroller = scroller;
14.           //创建一个按钮，点击后改变 Scroller 滚动的位置
15.           var btn = new eui.Button();
16.           btn.x = 200;
17.           this.addChild(btn);
18.           btn.addEventListener(egret.TouchEvent.TOUCH_TAP,this.moveScroller,this);
19.       }
20.       protected createChildren() {
21.           //初始化后改变滚动的位置
22.           this.scroller.viewport.validateNow();
23.           this.scroller.viewport.scrollV = 40;
24.       }
25.       private moveScroller():void{
26.           //点击按钮后改变滚动的位置
27.           var sc = this.scroller;
28.           sc.viewport.scrollV += 10;
29.           if ((sc.viewport.scrollV + sc.height) >= sc.viewport.contentHeight) {
30.               console.log("滚动到底部了");
31.           }
32.       }
33.   }
```

上面代码最后一段可以计算是否滚动到了列表的底部。

- Scroller.viewport.scrollV 是滚动的距离，这个值是变化的。
- Scroller.height 是滚动区域的高度，这个值是固定的。
- Scroller.viewport.contentHeight 是滚动内容的高度，这个值是固定的。

通过计算这三个值，就可以判断是否滚动到顶部或者底部了。

（2）停止滚动动画。

Scroller 新增了 stopAnimation()方法，可以立即停止当前的滚动动画。我们可以扩展上面的代码，在 moveScroller 函数中加入停止动画的方法。

```
1.    private moveScroller(): void {
2.        //点击按钮后改变滚动的位置
3.        var sc = this.scroller;
4.        sc.viewport.scrollV += 10;
5.
6.        if((sc.viewport.scrollV + sc.height) >= sc.viewport.contentHeight) {
7.            console.log("滚动到底部了");
8.        }
9.        //停止正在滚动的动画
10.       sc.stopAnimation();
11.   }
```

在滚动的过程中点击按钮就可以停止滚动动画了。

（3）滚动条显示策略。

当我们使用 Scroller 实现一些滚动区域的效果时，会发现右侧有一个滚动条（ScrollBar），它默认是自动隐藏的，即当我们不滚动区域时是不会显示该滚动条的。现在可以使用 ScrollBar（VScrollBar 和 HScrollBar）的 autoVisibility 属性，设置是否自动隐藏该滚动条。具体的策略如下：

默认的 autoVisibility 属性为 true，即自动隐藏。当我们把 autoVisibility 的属性设置为 false 时，是否显示滚动条取决于 ScrollerBar 的 visible 属性，当 visible 为 true 时始终显示滚动条，当 visible 为 false 时始终隐藏滚动条。比如下面的 EXML 设置为永不显示滚动条。

```
1.    <?xml version="1.0" encoding="utf-8"?>
2.    <e:Skin class="skins.ScrollerSkin" minWidth="20" minHeight="20" xmlns:e="http://ns.egret.com/eui">
3.        <e:HScrollBar id="horizontalScrollBar" width="100%" bottom="0" autoVisibility = "false" visible="false"/>
4.        <e:VScrollBar id="verticalScrollBar" height="100%" right="0" autoVisibility = "false" visible= "false"/>
5.    </e:Skin>
```

当添加滚动条到舞台以后可发现不会再显示垂直方向的滚动条了：

```
1.    var scroller = new eui.Scroller();
2.
3.    var list = new eui.List();
4.    list.dataProvider = new eui.ArrayCollection([1,2,3,4,5,6,7]);
5.    scroller.viewport = list;
6.    scroller.height = 200;
7.
8.    this.addChild(scroller);
```

效果如图 4-55 所示。

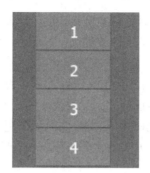

图 4-55　隐藏垂直方向的滚动条

当然也可以在 TS 代码中直接修改 autoVisibility 属性如下：

```
1.    var scroller = new eui.Scroller();
2.
3.    var list = new eui.List();
4.    list.dataProvider = new eui.ArrayCollection([1,2,3,4,5,6,7]);
5.    scroller.viewport = list;
6.    scroller.height = 200;
7.
8.    this.addChild(scroller);
9.    //需要在 scroller 添加到舞台上之后再访问 verticalScrollBar
10.   scroller.verticalScrollBar.autoVisibility = false;
11.   scroller.verticalScrollBar.visible = false;
```

4.3.3　自定义组件

1．引用自定义组件

之前例子中用到的节点都是 EUI 标准库中的组件，那么如何在项目中自定义一个组件呢。例如有一个自定义的按钮类 control.MyButton，则在 EXML 中描述自定义组件的方式如下：

```
<e:Group   class="skins.MyGroup"   xmlns:e="http://ns.egret.com/eui"   con="control.*">   <con:MyButton/>
</e:Group>
```

首先要在根节点添加一个自定义的命名空间：con="control.*"。等号之前的 con 表示命名空间前缀，这个可以随意写，只要不跟现有的前缀重名即可；等号后面的部分 control.* 表示在 control 这个模块名下的类。声明了命名空间后，就可以合法地引用自定义组件了，<con:MyButton/>表示的类就是 control.MyButton，这是类含有模块名的情况。如果类不在任何模块下，那么直接声明命名空间为 local="*"即可。同理，前缀是可以随意起的，等号后面只需要一个"*"，即表示不含模块名。

2．自定义组件规范

这里需要说明的是，虽然 EXML 中可以直接引用自定义组件，但作为最佳实践，我们推荐尽可能避免在 EXML 里直接使用它。因为在 EXML 中使用的自定义组件，对组件代码的健壮性有一定要求，如此才能被解析器正常实例化，并且绝大多数使用自定义组件的场景都有更好的组织方式，而不会直接将自定义组件放进去。在两种常见的情况下我们应该避免使用自定义组件：

（1）在皮肤中放置一个不复用的自定义组件，并且为这个组件再设置一个皮肤。这种情况完全可以把它对应皮肤里的内容直接放到父级皮肤内，而不需要多这一层嵌套。

（2）含有与业务逻辑耦合的组件。这类组件应该在逻辑代码中被实例化动态添加，而不是放在皮肤中被实例化。因为皮肤被实例化的时候，相关的业务逻辑依赖并没有初始化完全，容易报错。

什么场景适合在 EXML 中使用自定义组件呢？当组件需要复用并且有很强的通用性的时候。简单说就是：这个自定义组件起到的功能作用是跟框架里的 UI 组件库类似的，与具体的业务逻辑无关，能够独立被实例化使用。例如继承一个 Button 实现一个能播放影片剪辑功能的按钮，这种情况下我们才在 EXML 中直接引用自定义组件。

当必须在 EXML 中使用自定义组件时，编码时具体要注意什么呢？为了更好地理解这个编码要求，这里简单讲解一下 EXML 运行时解析自定义组件的原理。当我们在 EXML 中放置一个自定义组件时，EXML 解析器在运行时需要去分析这个组件的属性列表以及对应的属性类型，用于类型检查以及格式化正确的数据类型。但由于原生 JavaScript 语言的限制，并没有类的概念，要读取一个组件具体含有哪些属性就必须先进行实例化。所以开发者会遇到自定义组件构造函数被多调用一次的情况，这是正常的现象，一个组件只会被实例化一次，在读取属性列表后就会被缓存下来。因此规则实际上只有这一条：自定义组件要能单独被实例化而不报错，且能正常访问到属性默认值而不报错。具体可以拆解为以下应注意的点：

（1）属性必须要有默认值（赋值为 null 也可以），因为 TypeScript 编译器会把没有默认值的属性直接优化掉，在运行时该属性并不存在。

（2）在属性的 getter 方法内要判断访问的对象是否为空，以确保外部任何情况下访问属性都不会报错。

（3）组件构造函数参数必须为空，或者参数有默认值，否则无法用空构造函数实例化。

（4）组件的构造函数内不应该有对外部业务逻辑依赖的代码，这部分代码可以转移到组件被添加到舞台的时候启动而不是在被实例化时。

注意：虽然解析器可能无法实例化组件，但是我们在 EXML 中其实并没有使用到它自身定义的属性，而是只用到了继承自框架组件的属性，这种情况可以忽略。因此为了最大限度地确保显示正常，防止程序中断，解析器对这个报错进行了屏蔽，只会输出一些警告。例如当看到 #2104 号警告时，就是提示我们自定义组件无法单独实例化。

更多详情请查阅在线 API 文档：http://developer.egret.com/cn/apidoc/。

第 5 章　模拟物理——动作类平台游戏制作

本章要点

- 理解平台游戏的构成
- 学习物理引擎
- 碰撞检测
- 调试程序

5.1　游戏设计思路及任务分解

在本章中，我们会使用 p2 物理引擎来制作一款动作类平台游戏（见图 5-1），这是非常经典的游戏类型。

图 5-1　动作类平台游戏

玩家需要不断地跳上水平移动的平台，当到达最高的平台时游戏胜利。

游戏界面主要包括：

（1）加载界面：显示加载进度。

（2）游戏开始界面：包括一个"开始游戏"按钮。

（3）游戏主界面：包括游戏场景、主角等。

视觉化设计图如图 5-2 所示。

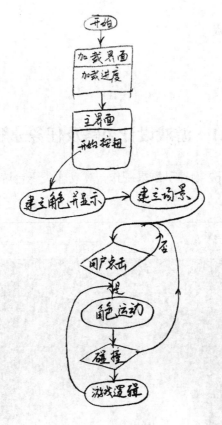

图 5-2　视觉化设计图

5.2　素材准备

新建一个屏幕大小为 480*800 像素的 EUI 项目。新创建的项目提供了一套默认的模板皮肤和素材，我们先将这些删除掉，然后替换成需要的素材。删除 resource 文件夹下 assets 和 eui_skins 包内的所有内容，打开 resource 文件夹下的 default.thm.json 文件，删除 skins 和 exmls 标签下的内容，如图 5-3 所示。

在"文件"视图中，将素材复制到 resource/assets 文件夹下，回到.Wing 中，点击右上角出现的"刷新"按钮，如图 5-4 所示。

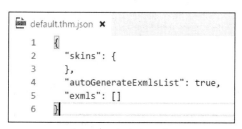

图 5-3　自定义组件

图 5-4　刷新资源

打开 resource 文件夹下的 default.res.json 文件，选择"设计"视图，将 assets 包中的图片拖动到 Drop Here 项目中。全选要拖入的资源，拖动到"资源组"面板的 preload 组中，如图 5-5 所示。

图 5-5　添加资源

选中 resource 文件夹下的 eui_skins 包，右击选择"新建模板文件"→"新建 EXML 组件"，新建一个名称为 StartButton 的 exml 皮肤（见图 5-6）。

图 5-6　新建皮肤

打开 StartButtonSkin.exml 文件，在右上角的下拉列表中选择"设计师"命令（见图 5-7），可以查看所有资源、按钮的状态和属性等设置，将按钮皮肤的宽设置为 329，高设为 102。

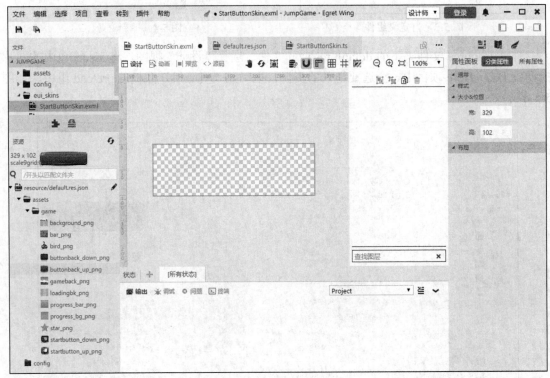

图 5-7　"设计师"视图

可以看到之前导入的素材都在"资源"区域中了。在"资源"区域中找到这次要使用的素材，如图 5-8 所示。

点击"状态"面板中的"+"符号，打开"创建状态"对话框（见图 5-9）。

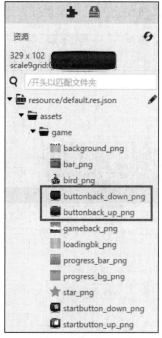

图 5-8 "资源"区域

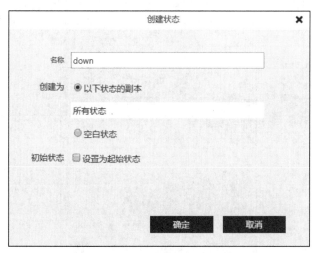

图 5-9 "创建状态"对话框

给按钮添加 Down（按下）和 Up（抬起）两个状态（见图 5-10）。

图 5-10 添加按钮状态

将"资源"区域中的图片拖拽到设计区中并设置好大小和位置（见图 5-11）。

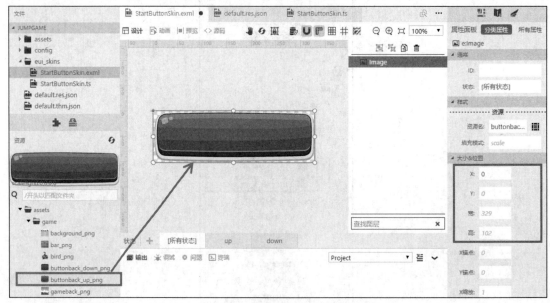

图 5-11　设置按钮大小和位置

为了保证按钮在不同大小下拉伸不会变形，需要设置九宫格属性。选中"资源"区域中对应的按钮图片，然后点击"属性面板"上"样式"栏中"资源名"旁边的"编辑九宫格"按钮（见图 5-12）。

图 5-12　属性面板

打开"九宫格编辑"对话框（见图 5-13），选中"开启九宫格"复选框，拖动虚线到合适位置，最后点击"确定"按钮。

在"设计"面板里面随意改变按钮图片的大小，可以看到现在按钮的边缘就不会变形了（见图 5-14）。

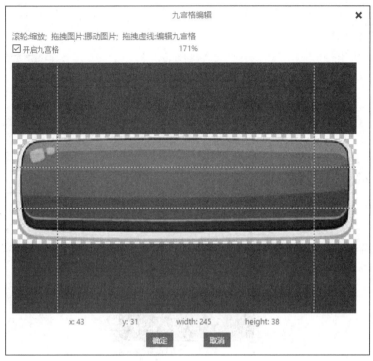

图 5-13　编辑九宫格

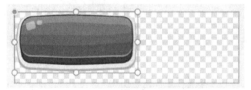

图 5-14　改变按钮大小边缘不变形

下面给按钮添加文字。在"状态"面板中选中"[所有状态]"，因为按钮的文字需要显示在所有的状态下。选择"组件"区域中的 Label 控件，将其拖动到按钮上，修改文字的文本、位置、大小和字体等（见图 5-15）。

在"状态"面板中选中 down 状态，修改资源名为 buttonback_down_png，同时根据需要修改文字的位置和颜色等（见图 5-16）。

一个按钮基本制作完毕，可以测试一下这个按钮是否符合我们的要求。新建一个 EXML 文件，在"控件"栏下将 Button 控件拖入到窗口中，在"皮肤"下拉列表中选择 StartButtonSkin，调整位置。切换至"预览"模式就可以看到效果了（见图 5-17）。

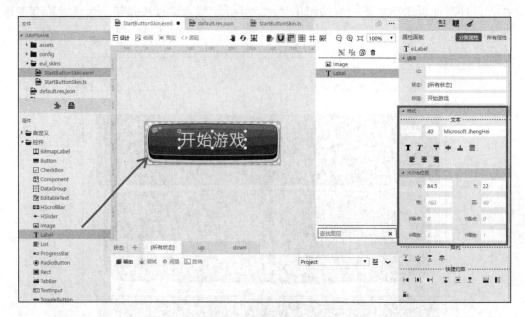

图 5-15　给按钮添加文字

图 5-16　编辑按钮状态

图 5-17　查看按钮效果

说明：Egret 暂时还不支持字体嵌入，只能使用设备字体。如果想使用自定义的字体，可以使用 TextureMerger 工具来制作或者使用自定义图片。

5.3　设计游戏界面

5.3.1　游戏加载界面

加载界面由背景和其中央的进度条组合而成，用来显示加载进度。

首先创建一个 ProgressBar 的 EXML 文件，设置画布大小为 322*10 像素。

将进度条高亮图片 progress_bar 和进度条背景图片 progress_bg 拖到设计区中并调整层级关系和长度（见图 5-18）。

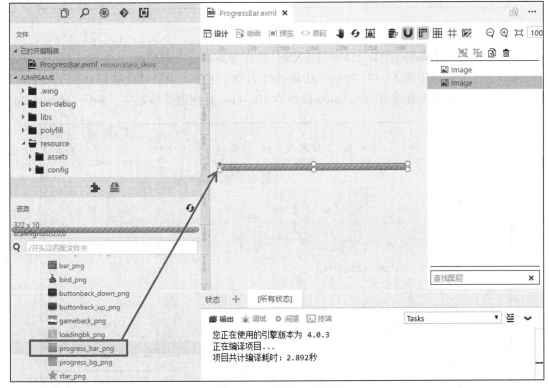

图 5-18　添加进度条图片

设置高亮图片 progress_bar 的 ID 为 thumb（见图 5-19）。在 Egret Wing 中，设置一个组件的 ID 属性就是在匹配皮肤部件。ProgressBar 控件具有一个 UIComponent 类型的公共属性 thumb，表示进度条的高亮显示对象，所以要将进度条的高亮部分 ID 设置为 thumb。

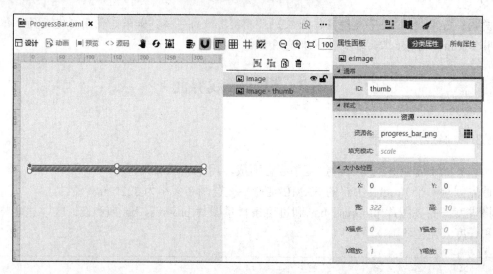

图 5-19 设置进度条属性

新建一个名为 LoadingUITestSkin 的 EXML 文件来测试一下进度条。

从"组件"区域中拖入一个 ProgressBar 控件到设计区中，设置其皮肤为 ProgressBar，在"所有属性"面板里设置进度条的 value 属性为 50，可以看到进度条发生了变化（见图 5-20）。

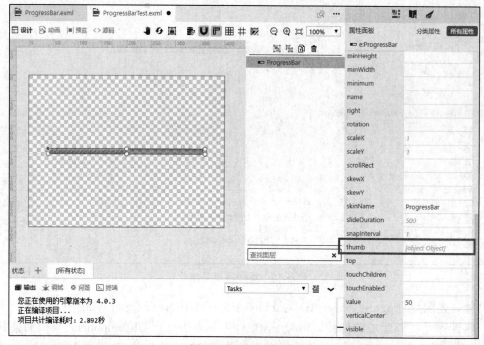

图 5-20 测试进度条

5.3.2　游戏开始界面

新建一个初始大小为 480*800 像素、名为 StartGame 的 EXML 文件，添加背景图片和按钮，设置按钮皮肤，并将按钮 ID 设置为 btn_StartGame（见图 5-21）。

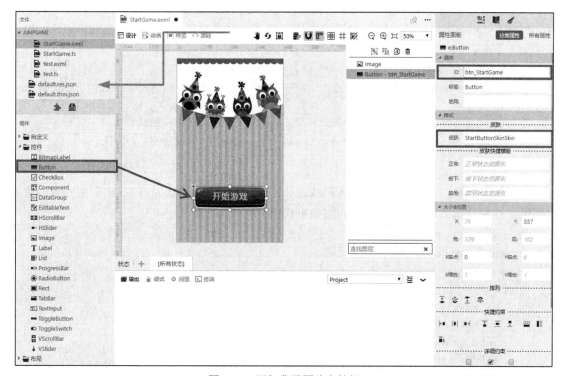

图 5-21　添加背景图片和按钮

这里的按钮需要添加 ID 属性，它在逻辑类中会被用来添加按钮点击事件。

新建一个名为 MainGameSkin 的皮肤文件，主机组件选择 Component，添加一张背景图片 gameback_png，至此，游戏所需要的场景基本搭建完成。

5.4　场景逻辑

一般情况下，一个界面对应一个逻辑类，其用来处理界面里组件的事件响应等操作。

5.4.1　载入界面

在进入游戏之前，一般需要加载大量的资源素材，简洁有趣的载入界面可以使玩家在等待时不必一直盯着单调的网页背景底色。

切换成"程序员"视图，打开 src/LoadingUI.ts 文件，这里包括了最简单的载入界面代码，在网页中部显示一行 "loading..." 和表示进度的文字，下面我们利用刚刚制作好的进度条素材修改代码，实现加载时显示背景图和进度条的功能。

CreateView() 函数的功能是创建文本，setProgress() 函数的功能是显示进度。删除 CreateView() 和 setProgress() 函数的内容。

在 EUI 中，EXML 可以在运行时加载解析，也可以直接将 EXML 文本内容嵌入代码中解析。打开 ProgressBar.exml 文件，切换成源代码模式，复制全部代码，回到 LoadingUI.ts 中，添加如下变量：

```
private mProgressBarSkin=`<?xml version="1.0" encoding="utf-8"?>
<e:Skin class="ProgressBar" width="322" height="10" xmlns:e="http://ns.egret.com/eui" xmlns:w="http://ns.egret.com/wing">
        <e:Image source="resource/assets/game/progress_bg.png" y="0" width="322"/>
        <e:Image id="thumb" source="resource/assets/game/progress_bar.png" x="0" y="0"/>
</e:Skin>`;
private progressbar:eui.ProgressBar;
```

注意把 EXML 文本中的 source 转换成路径形式，因为载入界面是在 RES 资源加载模块前出现的。在构造函数 constructor() 里添加如下代码：

```
this.progressbar = new eui.ProgressBar();
```

在 createView() 函数里添加如下代码：

```
private createView():void {
    //添加背景图
        var loadingbk = new eui.Image();
        loadingbk.source = "resource/assets/game/loadingbk.png";
        this.addChild(loadingbk);
        loadingbk.x = 0;
        loadingbk.y = 0;

    //添加进度条
        this.progressbar.skinName = this.mProgressBarSkin;
        this.addChild(this.progressbar);
        this.progressbar.x = 78;
        this.progressbar.y = 395;
}
```

在 setProgress() 函数里添加如下代码：

```
public setProgress(current, total):void {
    var i = Math.round((current/total) * 100);
    this.progressbar.value=i;
}
```

在这里，current 参数为当前已加载资源的数量，total 参数为全部资源数。对进度条的值设置四舍五入取整，点击 "调试" 按钮查看结果（见图 5-22）。

图 5-22　调试游戏

可以看到，现在加载界面已经不是单调的文字了。如果加载界面一闪而过，用户没有看清，可以打开 Main.ts 文件，找到 onResourceLoadComplete()函数，删除如下代码：

```
this.stage.removeChild(this.loadingView);
```

5.4.2　开始界面

新建一个名为 StartGameUI 的 TS 文件（见图 5-23），它继承自 eui.Component。

图 5-23　新建 TS 文件

定义一个 public 实例变量 btn_StartGame，这个变量名与 StartGameSkin.exml 文件中按钮

的 ID 名称一样，目的是能在逻辑类中使用皮肤里的对应 ID 组件。设置 StartGameUI 的皮肤，代码如下：

```
class StartGameUI extends eui.Component{
    public btn_StartGame:eui.Button;
    public START_GAME:string="startgame";
    public constructor() {
        super();
        this.skinName="resource/eui_skins/StartGameSkin.exml";
    }
}
```

为 btn_StartGame 按钮添加触摸事件监听。在 constructor()函数内添加代码：

```
this.btn_StartGame.addEventListener(egret.TouchEvent.TOUCH_TAP,this.onButtonClick,this);
```

添加消息处理函数。定义一个名为 START_GAME 的消息，内容为 startgame，当按钮按下时，将这个消息的事件发送给 Main.ts 文件处理，代码如下：

```
public START_GAME:string="startgame";
private onButtonClick(e:egret.TouchEvent){
    var startEvent:egret.Event = new egret.Event(this.START_GAME);
    this.dispatchEvent(startEvent);
}
```

打开 Main.ts 文件，定义一个 StartGameUI 类型的私有变量 startGameView，删除 startCreateScene()函数下的内容，修改为如下代码：

```
protected startCreateScene(): void {
    this.startGameView=new StartGameUI;
    this.stage.addChild(this.startGameView);

    this.startGameView.addEventListener(this.startGameView.START_GAME,this.onStart,this);
}
```

将开始界面添加进来，同时开始监听，当接收到 START_GAME 消息时，执行 onStart()函数，即从场景中移除开始界面并添加游戏场景图片 gameback_png，代码如下：

```
private onStart(){
    this.stage.removeChild(this.startGameView);

    var bg = new eui.Image();
    bg.source=RES.getRes("gameback_png");
    this.addChild(bg);
    console.log("gameStart");
}
```

因为之前 RES 资源管理模块已经把全部资源都加载完毕，所以我们使用直接获取资源文件的方法，即 RES.getRes(name:string):any，根据 default.res.json 文件自定义的文件名来使用资源。

点击"调试"按钮，可以看到在加载完毕后出现开始界面，如图 5-24 所示。

图 5-24　调试游戏

当点击"开始游戏"按钮后，进入游戏场景，同时控制台输出一行文本"gameStart"。查看控制台，如图 5-25 所示。

图 5-25　查看控制台

5.5　使用 p2 物理引擎

p2 是一套使用 JavaScript 语言编写的 2D 物理引擎，和 Box2D、Nape 等 2D 物理引擎一样，p2 继承了很多复杂的物理公式和算法，可以帮助我们轻松地实现碰撞、摩擦等物理现象的模拟。

开发者可以使用现成的第三方库或编写自己的模块，集成到项目中。目前 Egret 已经支持 p2 物理系统、WebSocket 网络通信、粒子系统等，详细库和 demo 源代码可以在https://github.com/ egret-labs/egret-game-library 网站中查看和下载。

5.5.1 导入第三方库

找到 egret/game/library 下的 physics 文件夹，复制 libsrc 下的 bin 文件夹到与项目文件夹同级的位置或其他位置（但必须在 Egret 库项目目录之外），如图 5-26 所示。

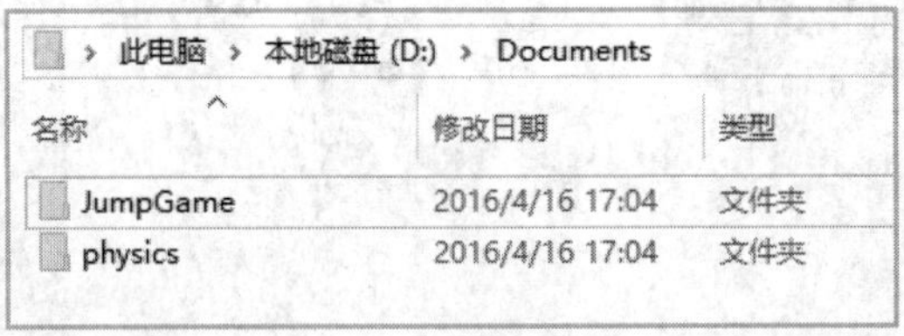

图 5-26　复制库文件

打开 Egret 项目的 egretProperties.json 文件，在 modules 模块下添加如下代码：

```
{
    "name": "physics",
    "path": "../physics"
}
```

name 为添加的模块名称，path 为 Egret 库项目的目录路径，可以使用绝对路径或相对路径。因为第三方模块与项目目录同级，且目录名为 physics，所以该路径应写为 "../physics"。

注意：path 应写到包含 bin 文件夹的路径下。

选择"项目"→"构建项目"，Egret 就会把第三方库编译到项目中，在 libs/modules 里将会出现一个名为 physics 的文件夹，在项目的 index.html 文件中将包含对应模块名称的 physics.js 的 Script 外部脚本引用行，如图 5-27 所示。然后就可以使用第三方库了。

```
<script egret="lib" src="libs/modules/physics/physics.js" src-release="libs/modules/physics/physics.min.js"></script>
```

图 5-27　查看引用

5.5.2 角色制作

使用 p2 物理引擎创建物理场景的步骤大致如下：

（1）创建世界（world）。

（2）创建形状（shape）。

（3）创建刚体（body）。

（4）创建角色（player）。

（5）实时调用 step()函数，更新物理模拟计算。

1．创建世界（world）

world 是 p2 物理引擎的入口，用于承载所有的物理模拟对象。打开 Main.ts 文件，添加如下函数：

```
private world:p2.World;
private createWorld():void{
    var wrd:p2.World=new p2.World();
    wrd=new p2.World();
    wrd.sleepMode=p2.World.BODY_SLEEPING;
    wrd.gravity=[0,1];
    this.world=wrd;
}
```

wrd 对象的 gravity（重力加速度）属性是一个数组类型的向量，数组中的元素分别表示重力在 x 轴和 y 轴上的分量；sleepMode 参数表示是否允许刚体睡眠，可以设置刚体在一定时间后自动进入睡眠状态以提高性能。

2．创建形状（shape）

游戏内包括固定的地面、两侧的墙面和水平移动的平台，我们可用一个函数 createGround() 来创建所有形状为方形的地面、墙面或平台。

在函数内，首先创建形状。形状是物理模拟计算的基础。任何对象都要有对应的形状，才可以基于 p2 进行物理碰撞检测和模拟。所有的形状对象都要通过 addShape 添加到刚体中，才可以进行碰撞模拟计算。

```
var groundShape:p2.Box=new p2.Box(
    {
        width:w,
        height:h
    }
);
```

3．创建刚体（body）

刚体是 p2 物理引擎的核心概念和对象，拥有速度、角度、质量等物理属性。

```
var groundBody:p2.Body=new p2.Body(
    {
        mass:1,
        fixedRotation:true,
        type:vx==0?p2.Body.STATIC:p2.Body.KINEMATIC,
        velocity:[vx,0]
    }
);
```

通过设置刚体属性，可以让相同形状的刚体呈现出迥然不同的运动特性。

（1）position：表示刚体在全局坐标系统下的位置的二维向量。向量的第一个元素表示刚体的 x 坐标，第二个元素表示刚体的 y 坐标。

（2）mass：表示刚体的质量，也充当密度的角色。

（3）fixedRotation：表示是否固定刚体的角度。当设为 true 时，刚体角度不会因碰撞或运动而发生变化。

（4）type：表示刚体类型。p2 中可用的刚体类型有三种：静态刚体、可动刚体、动态刚体。

- 静态刚体（Body.STATIC）：始终保持静止不动，不受重力影响，其坐标、角度不会因碰撞而发生变化。

- 可动刚体（Body.KINEMATIC）：可以自行按照一定的规律运动，但不受重力影响，其坐标、角度不会因碰撞而发生变化。

- 动态刚体（Body.DYNAMIC）：在重力作用下，可以进行自由落体运动，碰撞时速度和角速度会相应地发生变化，可进行物理碰撞模拟。

（5）velocity：表示刚体的线性速度的二维向量，单位为像素/秒。向量的第一个元素表示速度的 x 分量，当 x>0 时，速度方向向右；第二个元素表示速度的 y 分量，当 y>0 时，速度方向向下。

为刚体添加具体的形状，并将刚体添加到世界中，world 类将以刚体为单位循环遍历，进行物理模拟计算，并将模拟的结果保存在刚体属性中，使刚体成为碰撞对象的原型。

```
groundBody.addShape(groundShape);
this.world.addBody(groundBody);
```

完整函数如下：

```
/*
 * 创建地面，包括墙面、移动地面和固定地面
 * @param world
 * @param container
 * @param id
 * @param vx        x 方向上的速度，vx=0 则为固定地面
 * @param w         宽度
 * @param h         高度
 * @param resid     资源名
 * @param x0        position：x
 * @param y0        position：y
 * @returns         返回值{p2.Body}
 */
private createGround(world:p2.World,container:egret.DisplayObjectContainer,
    id:number,vx:number,w:number,h:number,resid:string,x0:number,y0:number):p2.Body{
        var groundShape:p2.Box=new p2.Box(
            {
                width:w,
                height:h
            }
        );
        var groundBody:p2.Body=new p2.Body(
```

```
            {
                mass:1,
                fixedRotation:true,
                type:vx==0?p2.Body.STATIC:p2.Body.KINEMATIC,
                velocity:[vx,0]
            }
        );
        groundBody.id=id;
        groundBody.position[0]=x0+w/2;
        groundBody.position[1]=y0+h/2;
        groundBody.addShape(groundShape);

        this.world.addBody(groundBody);
        this.bindAsset(groundBody,groundShape,resid);

        return groundBody;
    }
```

为刚体绑定一个贴图对象。

```
private getBitmapByRes(resName):egret.Bitmap{
    var bitmap:egret.Bitmap=new egret.Bitmap();
    bitmap.texture=RES.getRes(resName);
    bitmap.anchorOffsetX=bitmap.width/2;
    bitmap.anchorOffsetY=bitmap.height/2;
    return bitmap;
}
```

getBitmapByRes()函数创建了一个 Bitmap 对象，同时通过 anchorOffsetX 和 anchorOffsetY 设置控制点坐标，因为贴图加载进来以后，默认是以左上角为初始原点的。

```
private bindAsset(body:p2.Body,shape:p2.Box,asset:string):void{
    var img:egret.Bitmap=this.getBitmapByRes(asset);
    img.scaleX=shape.width/img.width;
    img.scaleY=shape.height/img.height;
    this.addChild(img);
    img.x=body.position[0];
    img.y=body.position[1];
    body.displays=[img];
}
```

bindAsset()函数为创建好的 Bitmap 对象设置尺寸和显示位置并将其添加到 body 的 displays 属性中，实现图片素材和刚体的关联。

4. 创建角色（player）

角色也是一个 box 形状的刚体，设置其大小和位置，然后绑定素材 bird_png。

```
private createPlayer():void{
    var boxShape:p2.Box=new p2.Box({width:63,height:110});
```

```
    var boxBody:p2.Body=new p2.Body({mass:1,position:[240,640]});
    boxBody.addShape(boxShape);
    this.world.addBody(boxBody);
    this.bindAsset(boxBody,boxShape,"bird_png");
}
```

5. 实时调用 step()函数，更新物理模拟计算

在游戏更新函数 run()中，每帧持续地调用 step()函数，实现 p2 物理模拟计算的持续更新，并更新贴图的位置。

```
private run():void{
    this.world.step(2.5);
    this.world.bodies.forEach(function(b:p2.Body){
        if(b.displays!=null){
            b.displays[0].x=b.position[0];
            b.displays[0].y=b.position[1];
        }
    });
}
```

在 OnStart()函数中调用以上函数创建世界、地面和主角，并添加 addEventListener()函数来每帧执行 run()函数：

```
this.addEventListener(egret.Event.ENTER_FRAME,this.run,this);
this.createWorld();
this.createGround(this.world,this,1,0,this.stage.stageWidth,100,null,0,this.stage.stageHeight-60);
this.createPlayer();
```

点击"调试"按钮，可以看到主角从空中掉落到透明的地面上（因为我们没有给地面贴图，所以地面是透明的），如图 5-28 所示。

图 5-28　调试游戏

5.5.3 制作游戏场景

下面来添加墙面和能够水平移动的平台。打开 Main.ts 文件，新建两个数组类型的变量，分别存放固定地面和浮动平台：

```
private groundFixed:Array<p2.Body>;        //固定地面
private groundFloat:Array<p2.Body>;        //浮动平台
```

定义两个变量 floatLimitLeft 和 floatLimitRight 来限制平台移动范围的左边界和右边界。

```
private floatLimitLeft:number;             //浮动平台左边界
private floatLimitRight:number;            //浮动平台右边界
```

在 onStart()函数里给 groundFixed 数组添加地面、左墙面和右墙面，给 groundFloat 数组添加三个浮动平台，并给 floatLimitLeft 和 floatLimitRight 赋值。

```
this.floatLimitLeft= -100;
this.floatLimitRight=this.stage.stageWidth+100;
this.groundFixed=[
        this.createGround(this.world,this,1,0,this.stage.stageWidth,100,null,0,this.stage.stageHeight-60),
        this.createGround(this.world,this,2,0,30,this.stage.stageHeight,null,0,0),
        this.createGround(this.world,this,3,0,30,this.stage.stageHeight,null,this.stage.stageWidth-30,0)
];
this.groundFloat=[
        this.createGround(this.world,this,4,0.6,120,20,"bar_png",this.floatLimitLeft,600),
        this.createGround(this.world,this,5,-0.8,90,20,"bar_png",this.floatLimitRight,450),
        this.createGround(this.world,this,6,1.2,80,20,"bar_png",this.floatLimitLeft,300)
]
```

在 run()函数里添加位置更新。当向右平移的平台移出场景时，回到最左端的初始位置重新开始平移；同理，当向左平移的平台移出场景时，回到最右端的初始位置重新开始平移，代码如下：

```
//浮动平台位置更新
if(this.groundFloat[0].position[0]>this.floatLimitRight){
    this.groundFloat[0].position[0]=this.floatLimitLeft;
}
if(this.groundFloat[1].position[0] < this.floatLimitLeft) {
    this.groundFloat[1].position[0] = this.floatLimitRight;
}
if(this.groundFloat[2].position[0] > this.floatLimitRight) {
    this.groundFloat[2].position[0] = this.floatLimitLeft;
}
```

点击"调试"按钮，查看场景（见图 5-29）。

图 5-29　调试游戏

5.5.4　碰撞检测与开发

1. 施加作用力

物体之所以发生移动，肯定是受到了外力的作用，使其位置和速度发生了变化。在 p2 中，可以通过刚体的 force 属性来模拟外力的作用。force 属性的具体说明如下：

```
force:number[]=[0,0];
```

force 是一个二维向量对象，表示刚体当前受到的作用力大小。通过 force 属性施加的外力默认作用于刚体的中心位置，不会引起旋转。通过 body 类的 applyForce()函数可以自定义外力作用的位置。

在点击鼠标时，给主角添加跳起的力。在 onStart()函数内添加触控监听事件：

```
this.stage.addEventListener(egret.TouchEvent.TOUCH_BEGIN,this.onTouchJump,this,false);
```

添加函数 onTouchJump()。当在主角所在位置的左侧点击时，给主角一个向左上方的力；当在主角所在位置的右侧点击时，给主角一个向右上方的力；当在主角所在位置附近点击时，给主角一个向正上方的力。

```
private onTouchJump(e: egret.TouchEvent): void {
    //在主角左半侧点击
    if(e.stageX < this.player.position[0]-50) {
        this.player.applyForce([-5,-15],this.player.position);
    }
    //在主角右半侧点击
    else if(e.stageX > this.player.position[0]+50) {
        this.player.applyForce([5,-15],this.player.position);
    }
    else {
        this.player.applyForce([0,-15],this.player.position);
    }
}
```

此时点击"调试"按钮，再点击屏幕，主角就可以在场景内跳动了。

2. 处理碰撞信息

我们发现，玩家可以不断点击屏幕让主角一直向上运动，所以我们需要添加控制条件，只有当主角落下与地面或者浮动的平台碰撞或接触时，才可以再次点击。

在 p2 物理引擎中，碰撞检测分为两个部分：粗测阶段（BroadPhase）和细测阶段（NarrowPhase）。在 BroadPhase 阶段，对所有的 Shape 进行初步检测，检测每两个 Shape 的最小包围盒 AABB 是否相交，如果是则送入下一阶段处理，如图 5-30（a）所示。

说明：AABB 是包围在刚体周围的最小矩形框，即"最小包围盒"。AABB 的框会随物体移动、旋转而相应地调整大小。在刚体碰撞开始之前，p2 首先会检测两个刚体的 AABB 是否有重叠，这个过程的计算要比形状的碰撞计算简单得多，从而提升了碰撞检测的效率。AABB 可以通过刚体的 getAABB 方法获得。

在 NarrowPhase 阶段，碰撞发生时的碰撞点、碰撞向量、碰撞刚体等因接触而产生的碰撞信息都保存在 world.narrowphase.contactEquations 对象中，如图 5-30（b）所示。

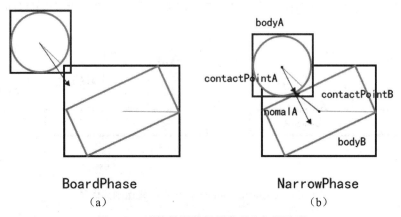

图 5-30　碰撞检测的粗测阶段和细测阶段

ContactEquations 对象包含的主要属性和对应的碰撞信息如下：

- shapeA：发生碰撞的形状 A。
- shapeB：发生碰撞的另一个形状 B。
- bodyA：shapeA 对应的刚体。
- bodyB：shapeB 对应的刚体。
- contactPointA：自 bodyA 的坐标起，到碰撞点的全局向量。
- contactPointB：自 bodyB 的坐标起，到碰撞点的全局向量。
- normalA：垂直于刚体碰撞边的法向量，这是一个全局的单位向量。
- restitution：碰撞刚体之间的碰撞弹性系数。

添加状态控制函数 checkIfCanJump()，判断主角是否与平台接触，如果接触则返回 true，主角可以跳起，否则不可以跳起。

```
private checkIfCanJump(world: p2.World,body: p2.Body):boolean{
    var result = false;
    var yAxis = [0,1];
    for(var i = 0;i < world.narrowphase.contactEquations.length;i++) {
        var c = world.narrowphase.contactEquations[i];
        if(c.bodyA === body || c.bodyB === body) {
            var d = p2.vec2.dot(c.normalA,yAxis);    //碰撞边的法向量点成 y 轴正方向
            if(c.bodyA === body) d *= -1;
            if(d < -0.5) result = true;
        }
    }
    return result;
}
```

将 result 设为 false，定义一个与 y 轴平行的向量[0,1]，方向为向上。

获取 contactEquations 对象中的碰撞刚体信息。当主角与平台或地面接触时，contactEquations 内包含两个对象 bodyA 和 bodyB，但是并不能确定哪一个为主角，所以可能有如图 5-31 所示的两种情况。

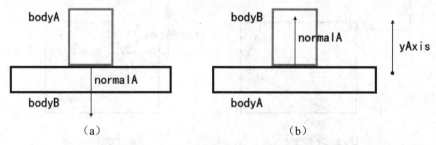

图 5-31　contactEquations 对象中的碰撞刚体信息

计算碰撞边的法向量与 y 轴正方向的点乘，当值为+1 或-1 时，说明主角和平台（或地面）

垂直接触，并将 result 设为 true，返回 result。

在 onTouchJump()函数里添加控制：

```
if(this.checkIfCanJump(this.world,this.player)==true){

}
```

点击"调试"按钮，主角就可以正常地在平台间跳动了。

补充：在 p2 物理引擎中，还可以通过检测事件的方法实现碰撞检测。此时将 p2 的碰撞分为四个阶段，如图 5-32 所示。

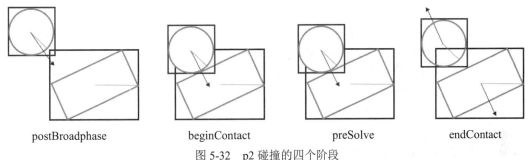

postBroadphase　　　　beginContact　　　　preSolve　　　　endContact

图 5-32　p2 碰撞的四个阶段

（1）postBroadphase：刚体的 AABB 开始发生重叠，但形状并没有接触。

（2）beginContact：刚体的形状开始发生重叠，但继续保持各自原有的速度移动。

（3）preSolve：刚体的形状发生了重叠，但 p2 未进行碰撞处理，圆形刚体仍保持原有的速度继续朝矩形刚体移动。

（4）endContact：p2 已经完成了碰撞处理，并为刚体重新分配了速度，两刚体朝反方向运动。刚体形状分离，不再有重叠。

因此 checkIfCanJump()还可以用以下方法判断：

```
var _this = this;
    _this.world.on("preSolve",function(evt): void {
        for(var i = 0;i < evt.contactEquations.length;i++) {
            var a = p2.ContactEquation = evt.contactEquations[i];
            if(a.bodyA === body || a.bodyB === body) {
                var d = p2.vec2.dot(a.normalA,yAxis);
                if(a.bodyA === body) d *= -1;
            }
        }
        if(d < -0.5) _this.result = true;
        else _this.result = false;
    });
    return _this.result;
```

3．添加碰撞效果

p2 物理引擎还可以给平台添加独特的碰撞响应特性，比如摩擦力、弹力等。下面来给第一个平台添加一个弹力，当主角跳上平台时会模拟弹力的效果。

ContactMaterial 类是用来为添加了 materialA 和 materialB 的两个形状设置摩擦力、弹性系数等响应的。其参数说明如下：

- materialA：shapeA 的材质标识。
- materialB：shapeB 的材质标识。
- friction：两个形状接触面的摩擦系数，默认值为 0.3。该属性值越大，摩擦系数越大。
- restitution：两个形状碰撞时的弹性系数，默认值为 0。该属性值越大，弹性系数越大。
- stiffness：碰撞时形状表面的硬度，这是一个大于 0 的数值，默认为 1 000 000。当 stiffness 值较小时，形状之间可以重叠，形成类似海绵、水面等有弹性的表面。
- surfaceVelocity：两个刚体接触时，接触面方向上两个刚体的速度是相对的。如果其中一个刚体为静态刚体，则 surfaceVelocity 表示另一个刚体的速度，这种情况经常用来模拟传送带效果。

在 OnStart()函数内添加如下代码：

```
var materialA=new p2.Material(1);
var materialB=new p2.Material(2);

this.groundFloat[0].shapes[0].material=materialA;
this.player.shapes[0].material=materialB;
var contactMaterial:p2.ContactMaterial=new p2.ContactMaterial(materialA,materialB);
contactMaterial.restitution=1;
this.world.addContactMaterial(contactMaterial);
```

首先声明两个 Material 对象 materialA 和 materialB，并分别设置其为主角和第一个平台的 material 对象，然后以 materialA 和 materialB 为参数，创建一个 ContactMaterial 对象，并通过 addContactMaterial()方法，将其添加到 world 中去。

真正实现碰撞响应特性的是 ContactMaterial 类，所以以上代码只能设置角色和第一个平台之间的碰撞效果，并不会影响角色与其他平台间的碰撞效果。

通过本节的学习，读者应该了解了 p2 物理引擎的基本使用方法。除此之外，p2 物理引擎还涉及关节、弹簧等更多物理模拟，可以实现更复杂更丰富的物理效果和游戏。感兴趣的读者可以在 GitHub 网站查看 p2 物理引擎的详细代码。网址：https://github.com/schteppe/p2.js。

5.6 运行时错误调试

5.6.1 Chrome 调试

下载 Chrome 浏览器并安装。

在 Egret 项目窗口的左侧栏点击"调试"视图，在下拉列表中选择"使用本机 Chrome 调试"，点击下拉列表框旁边的"设置"按钮⚙，配置 Chrome 调试参数，如图 5-33 所示。

图 5-33　Chrome 调试

　　说明：Egret Wing 会自动检测 Chrome 浏览器的位置，并自动设置以上参数。

　　设置好后点击"调试"按钮，弹出 Chrome 浏览器，选择"更多工具"→"开发者工具"（见图 5-34），在弹出的面板中可以查看布局、源码、控制台输出、堆分析等调试信息（见图 5-35）。

图 5-34　选择"开发者工具"

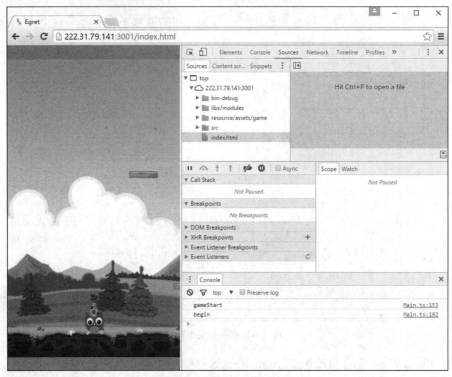

图 5-35　使用开发者工具查看调试信息

5.6.2 "调试"视图

在"调试"视图下的左侧栏可以查看测试时的断点、调用堆栈、变量情况和添加监视等。

1. 断点管理

双击标尺可以对项目中的源代码设置断点，如图 5-36 所示。

```
164        this.groundFloat=[
●165            this.createGround(this.world,this,4,0.6,120,20,"bar_png",this.floatLimitLeft,600),
166            this.createGround(this.world,this,5,-0.8,90,20,"bar_png",this.floatLimitRight,450),
167            this.createGround(this.world,this,6,1.2,80,20,"bar_png",this.floatLimitLeft,300)
168        ]
169        this.createPlayer();
170        //添加弹力碰撞效果
●171        var materialA=new p2.Material(1);
172        var materialB=new p2.Material(2);
173
●174        this.groundFloat[0].shapes[0].material=materialA;
175        this.player.shapes[0].material=materialB;
176        var contactMaterial:p2.ContactMaterial=new p2.ContactMaterial(materialA,materialB);
177        contactMaterial.restitution=1;
178        this.world.addContactMaterial(contactMaterial);
179
180        this.stage.addEventListener(egret.TouchEvent.TOUCH_BEGIN,this.onTouchJump,this,false);
```

图 5-36　设置断点

相应地，在"断点"区域可以对设置的断点进行管理，如图 5-37 所示。

2．查看调用堆栈

当调试程序运行到断点位置时会暂停，并在"调试"视图中显示当前的调用堆栈。可以通过点击堆栈列表定位到指定堆栈的源代码位置，如图 5-38 所示。

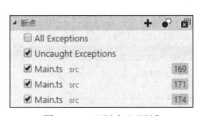

图 5-37　"断点"区域　　　　　　　　图 5-38　调用堆栈

"调试"视图右上角对应的一些操作可以改变堆栈位置（见图 5-39）。

图 5-39　"调试"视图中的按钮

图 5-39 中的按钮分别代表继续（F5）、单步跳过（F10）、单步调试（F11）、单步跳出（Shift+F11）、重启（Ctrl+Shift+F5）、停止（Shift+F5）。

3．查看变量属性

当程序暂停时，在"变量"区域可以看到暂停位置各变量的属性值（见图 5-40）。

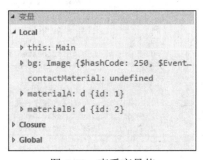

图 5-40　查看变量值

点击树状结构将各节点展开，可以查看更多的属性和值。

还可以通过鼠标悬停的方式快速显示源代码中变量的值（见图 5-41）。

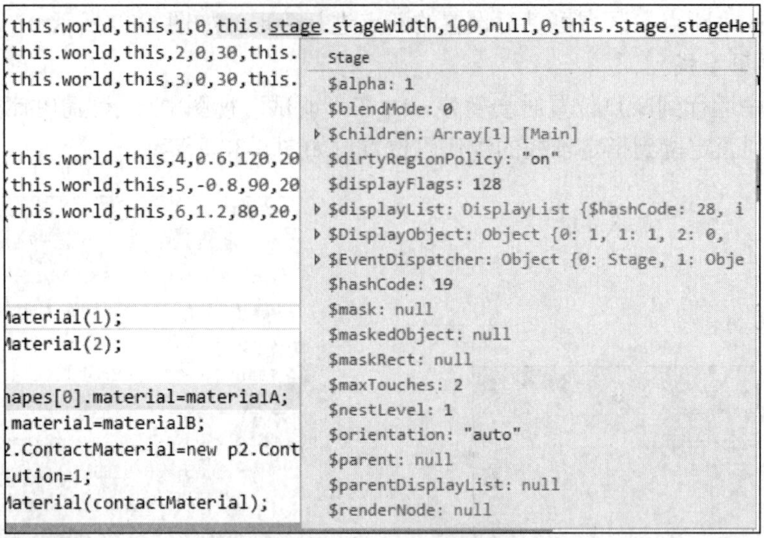

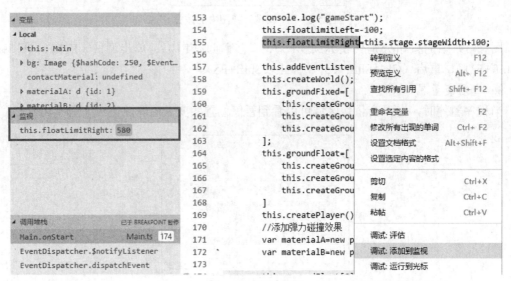

图 5-41　查看变量值

4．添加监视

在编辑器中选择一段文字，右击选择"调试：添加到监视"选项来添加表达式。在"监视"区域可以添加、删除所选中的表达式，"监视"区域能直接显示表达式的值，如图 5-42 所示。

图 5-42　添加监视

5．控制台输出

使用 console.log 在控制台输出一行字符串：

```
console.log("gameStart");
```

还可以通过"+"符号连接，输出一系列变量值：

```
console.log("d value:"+d);
```

在"调试"视图下，可以通过控制台面板（见图 5-43）查看程序的输出、警告以及报错信息等。

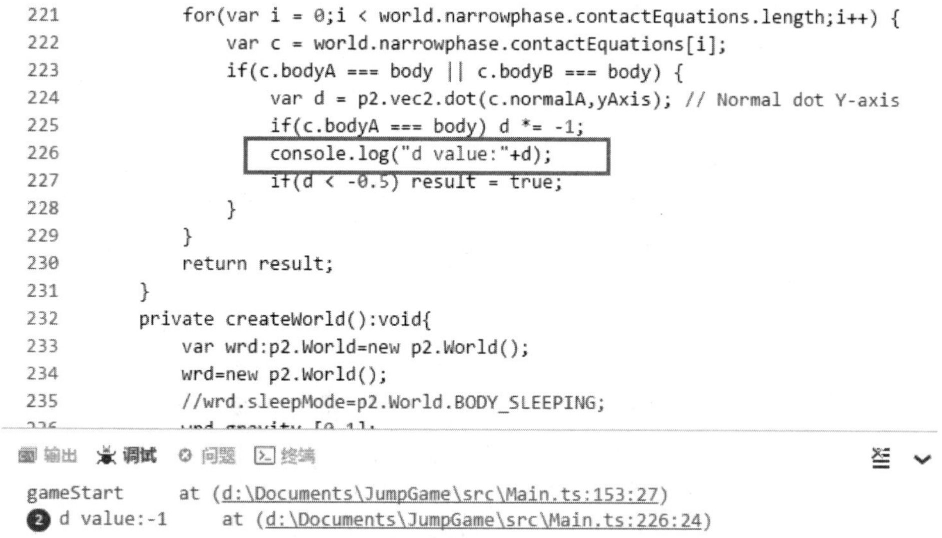

```
221         for(var i = 0;i < world.narrowphase.contactEquations.length;i++) {
222             var c = world.narrowphase.contactEquations[i];
223             if(c.bodyA === body || c.bodyB === body) {
224                 var d = p2.vec2.dot(c.normalA,yAxis); // Normal dot Y-axis
225                 if(c.bodyA === body) d *= -1;
226                 console.log("d value:"+d);
227                 if(d < -0.5) result = true;
228             }
229         }
230         return result;
231     }
232     private createWorld():void{
233         var wrd:p2.World=new p2.World();
234         wrd=new p2.World();
235         //wrd.sleepMode=p2.World.BODY_SLEEPING;
236         wrd.gravity [0,1];
```

```
🖥 输出    🐞 调试   ⊗ 问题   📇 终端                                        ⥮  ⌄

gameStart        at (d:\Documents\JumpGame\src\Main.ts:153:27)
❷ d value:-1     at (d:\Documents\JumpGame\src\Main.ts:226:24)
```

图 5-43　控制台面板

6. 使用内置日志输出面板

除了用 console 提供的诸多方法在控制台输出日志外，Egret 还继承了向屏幕输出日志的功能，方便移动设备调试。

内置日志输出面板只在 Debug 模式下可用，为了减少代码体积，发行版会去掉这个功能。

打开日志显示开关。在 index.html 文件中能够很方便地控制日志的显示状态。

```
<div style="margin: auto;width: 100%;height: 100%;" class="egret-player"
    data-entry-class="Main"
    data-orientation="auto"
    data-scale-mode="showAll"
    data-frame-rate="30"
    data-content-width="480"
    data-content-height="800"
    data-show-paint-rect="false"
    data-multi-fingered="2"
    data-show-fps="true" data-show-log="true"
    data-log-filter="" data-show-fps-style="x:0,y:0,size:30,textColor:0x00c200,bgAlpha:0.9">
</div>
```

设置是否在屏幕中显示日志：

```
data-show-log="true/false"
```

在屏幕上输出日志，用法与 console.log 类似：

```
egret.log(message?:any, ...optionalParams:any[])
```

设置是否显示帧频信息，当值为 true 时 Egret 会在舞台的左上角显示 FPS 和其他性能指标：

```
data-show-fps="true/false"
```

- FPS：帧频。
- Draw：每帧 draw 方法调用的平均次数。
- Dirty：每帧脏区域占舞台的百分比。
- Cost：Ticker 和 EnterFrame 阶段显示的耗时，每帧舞台所有事件处理和矩阵运算耗时，绘制显示对象耗时（单位是 ms）。

设置是否显示脏矩形重绘区域，当值为 true 时，Egret 会将舞台中的重绘区域用红框表示出来：

```
data-show-paint-rect="true/false"
```

例如，在 Main.ts 文件的 checkIfCanJump()函数中加入控制台输出语句（见图 5-44）。

```
for(var i = 0;i < world.narrowphase.contactEquations.length;i++) {
    var c = world.narrowphase.contactEquations[i];
    if(c.bodyA === body || c.bodyB === body) {
        var d = p2.vec2.dot(c.normalA,yAxis); // Normal dot Y-axis
        if(c.bodyA === body) d *= -1;
        egret.log("d value:"+d);
        if(d < -0.5) result = true;
    }
}
```

图 5-44　控制台输出语句

修改 index.html 文件中的设置（见图 5-45）。

```
<body>
    <div style="margin: auto;width: 100%;height: 100%;" class="egret-player"
        data-entry-class="Main"
        data-orientation="auto"
        data-scale-mode="showAll"
        data-frame-rate="30"
        data-content-width="480"
        data-content-height="800"
        data-show-paint-rect="true"
        data-multi-fingered="2"
        data-show-fps="true" data-show-log="true"
        data-log-filter="" data-show-fps-style="x:0,y:0,size:30,textColor:0x00c200,bgAlpha:0.9">
    </div>

    <script>
        egret.runEgret();
    </script>
</body>
```

图 5-45　设置屏幕输出日志

点击"调试"按钮查看效果（见图 5-46）。

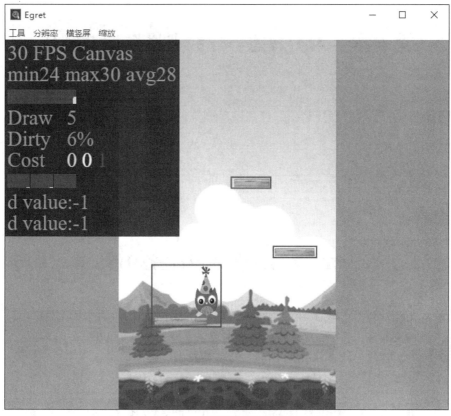

图 5-46　查看屏幕输出日志

读者可以登录 http://www.waterpub.com.cn/softdown/和 http://www.wsbookshow.com 下载本书源代码，在"相关项目源码"→"第 5 章　模拟物理——动作类平台游戏制作"文件夹下查看相关代码。

第 6 章　人工智能——经典塔防游戏制作

本章要点

- 面向对象编程
- MVC 设计方法
- 图形渲染机制
- 人工智能初步

6.1　塔防游戏设计及任务分解

塔防游戏是指通过在地图上建造炮塔，以阻止游戏中敌人进攻的策略型游戏。著名的塔防游戏有"植物大战僵尸""保卫萝卜"等。本章主要介绍塔防游戏的简单实现。

首先来绘制可视化思维图（见图 6-1），希望开发者能逐步习惯这件事。

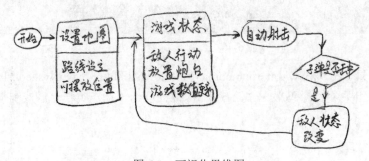

图 6-1　可视化思维图

这个图看起来很简单，在本章中，我们会加入 MVC 设计模式以及 AI（人工智能）中"有限状态机"的概念，在学习过程中，开发者可以根据自己的学习情况，不断修改并扩充这张图来完成项目设计。

6.1.1　塔防游戏元素分析

根据图 6-2 中的塔防游戏图来总结可能需要的几个类。

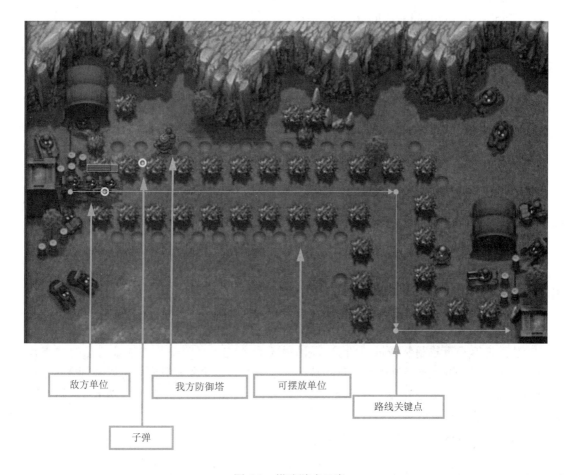

 的标注：敌方单位　我方防御塔　可摆放单位　路线关键点　子弹

图 6-2　塔防游戏元素

1. 游戏主要类

- XFKSprite：负责场景中的敌方单位。
- XFKTurret：负责处理炮塔的逻辑。
- XFKBullet：负责处理子弹的逻辑。
- XFKScene：负责处理场景切换。
- XFKLayer：负责控制游戏显示层级。

XFKSprite、XFKTurret 和 XFKBullet 有很多共同之处，如都要添加到 ModuleManager 类，都需要一些关键字段，所以为它们写一个基类 BaseSprite。

2. 事件类：负责模块之间的交互

- XFKControl：用来管理事件的添加、移除等。
- BaseEvent：继承于 Event，保存自定义事件。

- gm_activation_bullet：创建一个子弹。
- gm_moveEnd：移动结束（敌方到达基地）。
- gm_headquaters_hpChange：基地血量有变化。
- gm_monster_death：敌方单位死亡。

3．游戏循环类

- ModuleManager：在游戏运行时，注册需要循环的模块，其他类的循环都在此完成。

添加到本类的对象需要实现 IObject 接口，它主要定义了对象的加载、卸载和更新。

6.1.2　面向对象编程

面向对象编程是一种计算机编程架构，它将对象作为程序的基本单元，将程序和数据封装其中，以提高重用性、灵活性和扩展性。"对象"指的是类的实例。面向对象程序设计中的每一个对象都应该能够接受数据、处理数据并将数据传达给其他对象。

精灵（Sprite）是游戏里面的角色，比如敌人、游戏里面运动的物体等。敌方单位就是一个典型的精灵。下面我们通过对敌方单位的设计来体现面向对象的编程思想。

面向对象的三个基本特性：封装、继承和多态。

1．封装

封装是把客观事物封装成抽象的类，这些类可以把自己的数据和方法让可信的类或者对象操作，对不可信的类或对象进行信息隐藏。比如类中的方法和成员变量可以被标示为 public（公共）或 private（私有），公共方法和公共成员变量可以在类内部或外部被任何代码调用和赋值，私有方法和私有成员变量只能在自己的类内部被调用和赋值。

封装可隐藏实现细节，使代码模块化。

2．继承

继承是可以使用现有类的所有功能，并在无需重新编写原来的类的情况下对这些功能进行扩展。继承的过程就是从一般到特殊的过程。

通过继承创建的新类称为"子类"或"派生类"；被继承的类称为"基类""父类"或"超类"。

创建几个接口：IObject、IUpdate、ILoad。接口构造出固定的一组行为的抽象描述，这组行为的具体实现则在派生类中表现，而且接口只提供抽象描述，继承接口的子类必须实现接口中的方法。创建接口时，要使用关键字 interface 而不是 class。

创建 ILoad 接口，定义加载和卸载行为：

```
module game {
    export interface ILoad {
        OnLoad(layer:egret.DisplayObjectContainer): void;
        OnRelease(): void;
    }
}
```

创建 IUpdate 接口，定义更新行为：

```
module game {
    export interface IUpdate {
    OnUpdate(time:number):void;
    }
}
```

创建 IObject 接口，定义 ID，同时 IObject 继承了 ILoad 和 IUpdate 接口，所以在 IObject 的子类对象中，必须能够同时获取 ID、加载、卸载和更新：

```
module game {
    export interface IObject extends game.ILoad,game.IUpdate{
    ID:number;
    }
}
```

因为精灵们（敌方单位、子弹、炮塔）有一些共同之处，如都需要添加到 ModuleManager 类中，都需要一些关键字段，所以新建一个 BaseSprite 类，用来提取精灵的一些共性。BaseSprite 类继承自 egret.Sprite 类，同时需要实现接口 IObject，代码如下：

```
module game {
    export class BaseSprite extends egret.Sprite implements game.IObject{
        private id:number;
        public constructor() {
            super();
            this.id=game.CommonFunction.Token;
        }
        public get ID():number{
            return this.id;
        }
        public Type:string="sprite1";
        //精灵的移动速度
        public MoveSpeed:number=0.1;
        //精灵当前的血量
        public Hp:number=100;
        //精灵最大血量
        public HpMax:number=100;
        //攻击力
        public Atk:number=1;
        //精灵方向（默认向下）
        public direction:string="";
        public get Direction():string{
            return this.direction;
        }
        public setHp(value):void{
            this.Hp=value;
```

```
        this.dispatchEvent(new egret.Event("gm_hpChange"));
    }
    /*设定朝向
     * @param p:要朝向的点
     */
    public setDirection(p:egret.Point):void{
        var xNum:number=p.x-this.x;
        var yNum:number=p.y-this.y;
        var tempDirection:string;
        if(xNum==0){
            if(yNum>0){
                tempDirection="down";
            }
            if(yNum<0){
                tempDirection="up";
            }
        }
        if(yNum==0){
            if(xNum>0){
                tempDirection="right";
            }
            if(xNum<0){
                tempDirection="left";
            }
        }
        if(tempDirection!=this.direction){
            this.direction=tempDirection;
            this.dispatchEvent(new egret.Event("gm_directionChange"));
        }
        return;
    }
    /*
     * 虚方法，需要重写
     */
    public OnUpdate(passTime:number):void{

    }
    public OnLoad(parent:egret.DisplayObjectContainer):void{

    }
    public OnRelease():void{
```

```
        }
        public get Point():egret.Point{
            return new egret.Point(this.x,this.y);
        }
    }
}
```

上述代码中的 CommonFunction 是一个工具类，主要用来实现为游戏中的元素分配 ID、计算向量距离等功能。setHp()函数在精灵的血量发生变化时，向监听的其他类发送消息，其他类要做出相应操作；setDirection()函数根据传入的下一个点的坐标参数判断方向。

3. 多态

多态是指两个或多个属于不同类的对象，对于同一个方法调用做出不同响应的方式。子类重新定义父类的虚函数是实现多态的一种方法。

例如在 BaseSprite 中，OnUpdate()、OnLoad()、OnRelease()函数继承了 IObject 接口所需要实现的类，但是并没有具体实现，而是留到子类再实现。

新建一个 XFKSprite 类，它继承于 game.BaseSprite，用来显示敌方单位：

```
export class XFKSprite extends game.BaseSprite
```

在子类中重写 OnLoad()函数：

```
public OnLoad(parent:egret.DisplayObjectContainer):void{
    super.OnLoad(parent);
    parent.addChild(this);
    game.ModuleManager.Instance.RegisterModule(this);
    this.hpImg.OnLoad(this);
}
```

首先继承父类 super 的 OnLoad()函数，然后重写这个函数，将对象添加到显示列表中，在 ModuleManager 里注册并且添加血条。

在构造函数中添加监听事件，当对象被添加到舞台的时候，监听方向和血量的变化：

```
public constructor() {
    super(); this.addEventListener(egret.Event.ADDED_TO_STAGE,this.onAddToStage,this);
}
private onAddToStage(event:egret.Event){
    this.removeEventListener(egret.Event.ADDED_TO_STAGE,this.onAddToStage,this);
    this.addEventListener("gm_directionChange",this.onDirectionChange,this);
    this.addEventListener("gm_hpChange",this.onHpChange,this);

    this.x=this.Path[0].x;
    this.y=this.Path[0].y;
    this.setDirection(this.Path[1]);
}
```

给精灵设置一个位置和初始方向，使其触发 gm_directionChange 消息，onDirectionChange

处理消息，创建动画。

```
private onDirectionChange(e:egret.Event):void{
    var data=RES.getRes(this.Type+"_"+this.Direction+"_json");        //获取描述
    var texture=RES.getRes(this.Type+"_"+this.Direction+"_png");      //获取图片
    var mcFactory = new egret.MovieClipDataFactory(data,texture);     //获取 MovieClipData Factory 类
    if(this.sp!=null){
            this.sp.parent.removeChild(this.sp);
            this.sp.stop();
    }
    //创建一个 MovieClip
    this.sp=new egret.MovieClip(mcFactory.generateMovieClipData(this.Type+"_"+this.Direction));
    this.addChild(this.sp);

    this.sp.x= -20;
    this.sp.y= -30;
    this.sp.gotoAndPlay(1,-1);        //参数 1 表示从第一帧开始，参数-1 表示循环播放
    //创建一个圆点，主要用来表示精灵位置
    var shap:egret.Shape=new egret.Shape();
    shap.graphics.beginFill(0xffff60,1);
    shap.graphics.drawRect(0,0,3,3);
    shap.graphics.endFill();
    this.addChild(shap);
}
```

监听血量变化，当血量小于 0 时，通知游戏的全局控制器：敌方单位死亡。

```
private onHpChange(e:egret.Event):void{
    this.hpImg.sethp(this.Hp,this.HpMax);
    if(this.Hp<=0){
        game.XFKControls.dispatchEvent(game.BaseEvent.gm_monster_death,this);
        this.OnRelease();
    }
}
```

目前，精灵只能在原地做行走的动画，要让精灵行走起来，需要一组路线的数据。敌方单位前进的路线都是固定的，所以我们手动配置一些拐点。

```
//路径存放的列表
public Path:egret.Point[]=[];
```

添加一个解析方法，用来读取配置表中精灵的默认属性，实现精灵的批量生产：

```
public Parse(obj:any):void{
    this.Hp=parseInt(obj.hp);
    this.HpMax=parseInt(obj.hp);
    this.Glob=parseInt(obj.glob);
    this.MoveSpeed=parseFloat(obj.speed);
```

```
        this.Type=obj.type;
        this.Path=[];

        for(var i:number=0;i<obj.path.length;i++){
        this.Path.push(new egret.Point(parseInt(obj.path[i].x),
        parseInt(obj.path[i].y)));
        }
}
```

关于配置文件及解析会在 6.2 节详细讲解。

重写 OnUpdate()更新方法，处理敌方单位的移动。

```
public OnUpdate(passTime: number): void {
    super.OnUpdate(passTime);
    this.move(passTime);
}
private move(passTime:number):void{
    if(this.Path.length==0){
        return;
    }
    var point:egret.Point=this.Path[0];       //下一个节点
    //根据两点距离计算特定时间内敌方单位所需要移动的距离
    var targetSpeed:egret.Point=game.CommonFunction.GetSpeed(point,new egret.Point(this.x,this.y),
    this.MoveSpeed);
    var xDistance:number=10*targetSpeed.x;        //每次向 x 方向移动距离 10
    var yDistance:number=10*targetSpeed.y;        //每次向 y 方向移动距离 10

    //如果走到了目标点
    if(Math.abs(point.x-this.x)<=Math.abs(xDistance)&&Math.abs(point.y-this.y)<=Math.abs(yDistance)){
        this.x=point.x;
        this.y=point.y;
        this.Path.shift();         //去掉 Path 中的第一个节点
        //如果全部走完
        if(this.Path.length == 0) {
            game.XFKControls.dispatchEvent(game.BaseEvent.gm_moveEnd,this);
            this.OnRelease();
            return;
        }
        else {
            //设置下一个方向
            this.setDirection(this.Path[0]);
```

```
        }
    }
    else{
            this.x=this.x+xDistance;
            this.y=this.y+yDistance;
    }
}
```

每到达一个拐点的时候，就删除路径中的当前点；当到达基地时，派发事件 gm_moveEnd，同时删除精灵。

重写 OnRelease()函数，移除监听、卸载注册，同时删除精灵及血条：

```
public OnRelease(): void {
    super.OnRelease();
    if(this.sp != null) {
        this.sp.stop();
    }
    this.removeEventListener("gm_directionChange",this.onDirectionChange,this);
    this.removeEventListener("gm_hpChange",this.onHpChange,this);
    if(this.parent != null) {
        this.parent.removeChild(this);
    }
    game.ModuleManager.Instance.UnRegisterModule(this);
    this.hpImg.OnRelease();
}
```

最后，新建一个类 XFKHpImg，这个类比较简单，仅负责显示血条：

```
export class XFKHpImg extends egret.Sprite
```

添加函数：

```
private parentSprite: egret.DisplayObjectContainer;
private progressbar: eui.ProgressBar;
public constructor() {
    super();
}
public OnLoad(parent:egret.DisplayObjectContainer):void{
    this.parentSprite=parent;
    this.init();
}
public OnRelease():void{
    if(this.parent!=null){
    this.parent.removeChild(this);
    }
    while(this.numChildren>0){
```

```
            this.removeChildAt(0);
        }
        this.parentSprite=null;
    }
    private init():void{
        this.progressbar=new eui.ProgressBar();
        this.progressbar.skinName = "resource/eui_skins/ProgressBarSkin.exml";

        this.sethp(100,100);
        this.progressbar.x= -20;
        this.progressbar.y= -40;
        this.parentSprite.addChild(this.progressbar);
    }
    public sethp(cnum:number,mnum:number):void{
        var i = Math.round((cnum / mnum) * 100);
        this.progressbar.value=i;
    }
```

下面我们可以简单地尝试在场景中添加精灵。打开 Main.ts 文件，修改 startCreateScene() 函数，添加代码：

```
var bg = new eui.Image();
bg.source = RES.getRes("scene1bg_jpg");
this.addChild(bg);

var data = RES.getRes("scene1sprite_json");
data.sprite[0].path=data.Path;
var sp:game.XFKSprite=new game.XFKSprite();
sp.Parse(data.sprite[0]);
sp.OnLoad(game.XFKLayer.Ins.NpcLayer);
```

添加一个背景图片，导入 scene1sprite.json 配置文件，将配置文件中的 Path 路径点存入 sprite 的第一个元素的 path 中。最后创建一个精灵，解析 sprite 的第一个元素内的数据，将精灵加载到显示列表中。

点击"调试"按钮，生成的敌方单位如图 6-3 所示。

6.1.3　MVC 设计模式

MVC（Model-View-Controller）设计模式是软件工程中的一种软件架构模式，它把软件系统分为三个基本部分：模型（Model）、视图（View）和控制器（Controller）。MVC 模式的目的是希望 View 和 Model 分离，各自处理自己的任务，当一方改变时，另一方不必随之改变。例如，JavaEE 平台、iOS 都是基于 MVC 思想的。

MVC 设计模式可以方便开发人员分工协作，提高开发效率，增强程序的可维护性和扩展性。

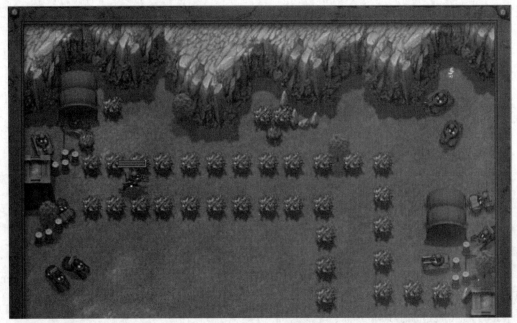

图 6-3 敌方单位

MVC 设计模式如图 6-4 所示。

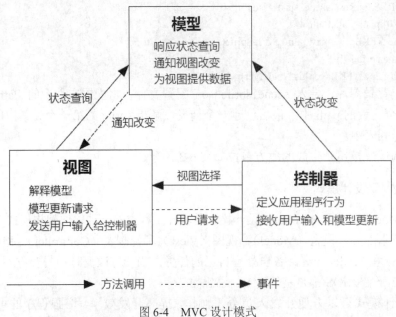

图 6-4 MVC 设计模式

1. 模型对象

模型对象封装了应用程序的数据，并定义了操控和处理该数据的逻辑和运算。用户在视图层中所进行的创建或修改数据的操作，通过控制器对象传达出去，最终会创建或更新模型对象。模型对象更改时，通知控制器对象，控制器对象会更新相应的视图对象。

2. 视图对象

视图对象是应用程序中用户可以看见的对象。视图对象的主要目的是显示来自应用程序模型对象的数据，负责与用户的交互。视图对象接收消息并显示更新的数据，同时接收用户输入所产生的事件并交给控制器对象传达。

3. 控制器对象

在应用程序的一个或多个视图对象和一个或多个模型之间，控制器对象充当媒介。通过它，视图对象了解模型对象的更改，反之亦然。控制器对象还可以为应用程序执行设置和协调任务，并管理其他对象的生命周期。

控制器对象负责解释在视图对象中进行的用户操作，并将新的或更改过的数据传达给模型对象。模型对象更改时，控制器对象会将新的模型数据传达给视图对象，以便视图对象可以显示它。

在塔防游戏中，XFKSprite、XFKDecoration、XFKTurret、BaseSprite、XFKConfig 等对应模型类，负责游戏对象的逻辑和数据，当数据更改时发送消息给控制器。游戏中控制器对应 BaseEvent、XFKControls 和 ModuleManager，负责定义游戏中的事件类型，管理事件的添加、移除、游戏循环等。视图对象诸如 XFKScene 等在接收到输入时向控制器发送消息，在模型数据更改时，接收控制器的消息，同时更新显示。

4. MVC 设计模式的优点

（1）低耦合性。视图层和逻辑层分离，这样就允许更改视图层代码而不用重新编译模型和控制器代码。

（2）高重用性和可适用性。数据的特点就是唯一性和可重用性，虽然在各个界面的显示各有不同，但数据是唯一的，所以同样的数据可以被不同的界面使用，而且只需改变视图层的实现方式，控制层和模型层无需做任何改变。

（3）易于维护。分离视图层和逻辑层，使应用程序更易于维护和修改。

（4）利于软件工程化管理。不同的层各司其职，可以使界面专业人员集中精力于表现形式上，使开发人员集中精力于业务逻辑上。

6.2　塔防游戏开发

6.2.1　地图制作方法

在游戏开发中，配置文件主要用来定义角色属性、设计游戏地图、设置游戏数值等。适当地利用配置文件，可以有效实现程序设计的灵活性，避免对程序功能的不断修改，降低程序开发人员与策划人员之间的沟通成本，提高效率。对策划人员来说，通过直接修改配置文件可以方便地进行游戏数值、难度、平衡性测试等。

在 Egret 中，我们用 JSON 文件来保存配置。JSON 是一种基于文本、独立于语言的轻量级数据交换格式，简单地说就是对象和数组，可作为对象处理，用来交换数据。

JSON 有两种表示结构：对象和数组。

对象结构以"{"开始，以"}"结束，中间由 0 或多个以逗号","分隔的 key（关键字）/value（值）对构成，关键字以冒号":"分隔。

数组结构以"["开始，以"]"结束，中间由 0 或多个","分隔的值列表组成。

例如精灵的配置文件 scene1sprite.json：

```json
{
    "sprite": [
        {
            "name": "第一波怪物来袭",
            "hp": "20",
            "glob": "230",
            "speed": "0.1",
            "count": "10",
            "delay": "0",
            "type": "sprite1"
        },
        {
            "name": "第二波怪物来袭",
            "hp": "20",
            "glob": "230",
            "speed": "0.2",
            "count": "10",
            "delay": "30000",
            "type": "sprite1"
        }
    ],
    "Path": [
        { "x": "76","y": "285" },
        { "x": "555","y": "285" },
        { "x": "555","y": "500" },
        { "x": "735","y": "500" }

    ]
}
```

可以看到，配置文件共有 sprite 和 Path 两个数组。其中，sprite 数组里有两个对象，分别是两波怪物的血量、金币、速度、数量、出发时间和类型。Path 数组里有四个对象，分别为地图上怪物行走路径的四个关键点。

在 XFKScene 的 CreateAction()函数中解析这个 JSON 文件。

```
private action:any[];
//创建精灵，放在 action 数组内
private createAction():void{
    var data=RES.getRes(this.sceneKey+"sprite_json");
    this.action=new Array();
    var index:number;
    //遍历波数
    for(var i:number=0;i<data.sprite.length;i++){
        data.sprite[i].path = data.Path;
        data.sprite[i].delay=parseInt(data.sprite[i].delay);
        //遍历一波有多少个怪物
        for(var j:number=0;j<data.sprite[i].count;j++){
            index=this.action.push(data.sprite[i]);
        }
    }
}
```

action 是任意类型的数组，sceneKey 为传入的变量 scene1。data 变量取得 scene1sprite_json 资源，获得其中的对象和数组，则 data.sprite.length 表示配置文件中 sprite 数组中的对象数量，即怪物的波数，并且可以通过 data.sprite[i].path 自定义新的对象，并将 Path 数组赋值给 path 对象。

同样，通过 data.sprite[i].count 获得第 i 波怪物的总数，循环地将这些怪物放在 action 数组中。

而在 XFKSprite.ts 的 Parse()函数中，则对每个怪物的具体属性进行设置。

观察游戏中的其他配置文件（省略部分对象）。炮塔配置文件 scene1turret.json 设置了炮塔可以放置的位置和初始的炮塔类型，和 turretskin.json 文件关联。

```
{
    "turret":[
        {
            "name": "turret_1",
            "x": "160",
            "y": "220",
            "type": "turretskin0"
        },
        {
            "name": "turret_2",
            "x": "195",
            "y": "220",
```

```
            "type": "turretskin0"
        },
        {

            "name": "turret_3",
            "x": "230",
            "y": "220",
            "type": "turretskin0"
        },
        {

            "name": "turret_4",
            "x": "490",
            "y": "410",
            "type": "turretskin0"
        }
    ]
}
```

炮塔的皮肤文件 turretskin.json（省略部分对象）给出了不同类型（scene1turret.json 中的 type 关键字）对应的皮肤和炮塔属性设置。

其中，turretskin0 的攻击速度、半径等均为 0，它其实是游戏中表示一个放置点的小土坑（见图 6-5）。

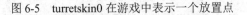

图 6-5   turretskin0 在游戏中表示一个放置点

```
{
    "turretskin0": {
        "offsetx": "0",
        "offsety": "0",
        "radius": "0",
        "speed": "0",
        "glob": "0",
        "label": "撤退"
    },
    "turretskin1": {
        "offsetx": "0",
        "offsety":"0",
        "radius": "80",
        "speed": "600",
        "glob": "1",
        "label": "绿头兵"
```

```
    }
}
```

至此游戏的配置文件基本完成了。对于游戏中可能需要经常调整的数值类的配置项，应该放在配置表中，便于游戏测试和调整。

6.2.2   炮塔与子弹制作

防御塔有雷达范围（当敌方单位进入圆形区域内时开始射击）和射击速度，如图 6-6 所示。

图 6-6   防御塔雷达范围

新建一个 XFKTurret 类，它可以同样继承自 BaseSprite。炮塔与精灵的设计很相似，下面设置几个基本属性：

```
private offsetx:number;        //炮塔中心点设置相关
private offsety:number;
private skin:string;           //炮塔皮肤
private radius:number;         //炮塔的雷达监视范围
private glob:number;           //炮塔的金币花费
```

炮塔也有动画，在这里我们把中心点放在动画中心（offsetX 和 offsetY 是在 turretskin.json 中设置的，均为 0），让范围计算更加容易一些。

```
private createSp():void{
    var data=RES.getRes(this.skin+"_json");
    var texture=RES.getRes(this.skin+"_png");
    var mcFactory=new egret.MovieClipDataFactory(data,texture);

    if(this.sp!=null){
```

```
            this.sp.parent.removeChild(this.sp);
            this.sp.stop();
    }
    this.sp=new egret.MovieClip(mcFactory.generateMovieClipData(this.skin));
    this.addChild(this.sp);

    this.sp.x= -this.sp.width/2+this.offsetx;
    this.sp.y= -this.sp.height/2+this.offsety;
    this.sp.gotoAndPlay(1,-1);
    this.sp.touchEnabled=true;        //可以被点击
}
```

this.sp.touchEnabled=true;是 Egret 引擎特有的语句，用来设定是否接收触摸事件，只有设置为 true，炮塔才能监听点击事件，当点击炮塔时显示攻击范围和更换其他类型的炮塔。而敌方单位则不需要点击。

在 OnLoad()函数中添加监听点击操作事件：

```
this.addEventListener(egret.TouchEvent.TOUCH_TAP,this.onTouchTab,this);
```

添加 onTouchTab()函数：

```
private onTouchTab(e: egret.TouchEvent): void {
    if(this.radiusShap == null) {
        this.radiusShap = new egret.Shape();
        this.radiusShap.graphics.beginFill(0xffff60,1);
        this.radiusShap.graphics.drawCircle(0,0,this.radius);
        this.radiusShap.graphics.endFill();
        this.radiusShap.alpha = 0.2;
        this.addChild(this.radiusShap);
    }
    game.TDSelectPanel.Ins.showPanel(this.onChange,this);
    game.TDSelectPanel.Ins.setPoint(new egret.Point(this.Point.x,this.Point.y + this.sp.height));
}
```

根据雷达范围画一个圆，并设置它的透明度为 0.2。当用户点击炮塔时，就可以知道它的攻击范围。同时在炮塔下方打开一个界面负责炮塔的切换。

showPanel()函数在 TDSelectPanel 类下，负责显示四种炮塔，当用户点击时放置其中一种炮塔。代码如下：

```
public showPanel(callFun,callObject){
    if(this.isOpen){
        return;
    }
    this.show(0);
    this.callObject=callObject;
    this.callFun=callFun;
```

```
var data = RES.getRes("turretskin_json");
var mcData:any;
var mcTexture:any;
for(var key in data){
    mcData = RES.getRes(key + "_json");
    mcTexture = RES.getRes(key + "_png");
    var mcFactory = new egret.MovieClipDataFactory(mcData,mcTexture);
    var mc:egret.MovieClip = new egret.MovieClip(mcFactory.generateMovieClipData(key));

    this.addChild(mc);
    mc.x=Math.abs(this.numChildren-1)*mc.width+10;
    mc.gotoAndPlay(1,-1);
    mc.name=key;
    mc.touchEnabled=true;
}
this.addEventListener(egret.TouchEvent.TOUCH_TAP,this.onTouchTap,this);
}
```

根据传入的参数，callFun 为 this.onChange()函数，callObject 为 XFKTurret 类对象，在创建了四个炮塔后，添加点击监听 onTouchTap：

```
private onTouchTap(e:egret.TouchEvent):void{
    if(e.target instanceof egret.MovieClip){
        this.callFun.apply(this.callObject,[e.target.name]);
    }
    this.closePanel();
}
```

使用 instanceof 来判断类型，当点击的内容为 MovieClip 也就是炮塔时，实现一个回调，目的是将点击的炮塔名称返回给 XFKTurret 类的 onChange()函数，更改炮塔类型。

在 JavaScript 中，正常情况下，方法在执行时，指向会变成当前类，也就是 TDSelectPanel 类。而我们期望的是将点击的对象名称作为参数，传给 XFKTurret 类中的 onChange()函数。使用 JavaScript 的 apply 方法使指向变为我们需要的类：

```
Function.apply(obj,args)
```

该方法接收两个参数。obj 表示这个对象将代替 Function 类里的 this 对象；args 是数组，它将作为参数传给 Function。

回调成功后：

```
private onChange(item: string): void {
this.parseSkin(item);
    this.createSp();
    if(this.radiusShap != null) {
        this.removeChild(this.radiusShap);
        this.radiusShap = null;
```

```
    }
}
```

替换炮塔，同时移除雷达显示范围。

炮塔循环：

```
public OnUpdate(passTime: number): void {
    super.OnUpdate(passTime);
    if(this.MoveSpeed == 0) {
        return;
    }
    this.searchTarget();
}
```

可以看到，以上方法中单独排除了移动速度为 0 的炮塔，根据 turretskin.json 来配置文件，也就是放置炮塔的小土坑。

炮塔的 searchTarget 方法用来搜索敌方目标，是塔防游戏人工智能主要的实现方法，我们会在 6.3 节作详细介绍。

接下来是子弹。新建一个 XFKBullet 类，继承自 BaseSprite。子弹类主要完成设置目标和移动到目标的任务。

```
private radius:number;
private target:game.BaseSprite;
public setTarget(source:BaseSprite,target:game.BaseSprite):void{
    this.x=source.x;
    this.y=source.y;
    this.target=target;

    var bitmap:egret.Bitmap=new egret.Bitmap();
    bitmap.texture=RES.getRes("bullet1_png");
    bitmap.x= -bitmap.width/2;
    bitmap.y= -bitmap.height/2;
    this.addChild(bitmap);

    this.radius=10;
    this.MoveSpeed=1;
}
```

radius 表示子弹的作用范围，通过设置这个值来实现防御塔的范围攻击（如"保卫萝卜"游戏中的太阳）。

子弹的循环为执行 move()函数：

```
private move(passTime:number):void{
    var distance:number=game.CommonFunction.GetDistance(this.Point,this.target.Point);
    if(distance<=this.radius){
        this.target.setHp(this.target.Hp-this.Atk);
```

```
                this.target=null;
                this.OnRelease();
        }
        else{
                var targetSpeed:egret.Point=game.CommonFunction.GetSpeed(this.target.Point,this.Point,
                this.MoveSpeed);
                var xDistance:number=10*targetSpeed.x;
                var yDistance:number=10*targetSpeed.y;
                this.x=this.x+xDistance;
                this.y=this.y+yDistance;
        }
}
```

判断目标敌人与子弹的距离，若小于作用范围，则调用传入对象的血量设置方法，用目标敌人血量减去攻击值，同时移除子弹，否则继续移动。

6.2.3　游戏图形渲染机制分析

游戏作为性能消耗大户，很多时候都会将系统硬件的性能使用到极致。想要提高游戏性能，有一个非常重要的前提，就是需要对引擎渲染部分非常了解，能够在开发中避免不必要的低级错误。渲染优化做得好，就可以解决绝大部分性能问题。

Egret 中处理渲染过程如图 6-7 所示。

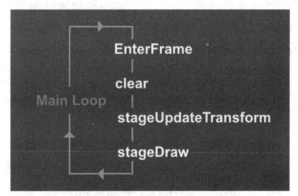

图 6-7　Egret 中处理渲染过程

Egret 每刷新一帧时会执行以下四步操作：

第一步，执行一次 EnterFrame。此时，引擎会执行游戏中的逻辑，并且抛出 EnterFrame 事件。如果在这里编写了大量消耗性能的代码，那么帧频就会开始下降。因此，不要将大量代码都放到 EnterFrame 中去处理。

第二步，引擎会执行一个 clear 命令，将上一帧的画面全部擦除。

第三步，也是非常消耗性能的一步。此时，Egret 内核会遍历游戏场景中的所有显示对象

（DisplayObject），并重新计算所有显示对象的 transform 属性。

最后一步，将所有的图像用 draw()函数画到画布中。

在简单地了解了 Egret 渲染机制后，我们列出一些在优化过程中需要注意或避免的问题。

（1）不需要的 DisplayObject 要及时移除。

如果只是设置了游戏对象的 visible 属性为 false，这个显示对象确实不会被渲染出来，但它还是会参加第三步的计算过程，所以无形中增加了性能开销。

如果某一个图像被其他图像遮盖，最好移除被遮盖的对象。

（2）不要向 stage（场景）中放置太多的 DisplayObject。

太多的显示对象不仅会在第三步消耗性能，更重要的是在第四步也会严重影响性能，让帧频下降。一种解决方式是将画面中的元素进行合并。合并并不是将两个 Bitmap 塞到一个 Sprite 类中，事实上无论嵌套还是并列，都会消耗大量性能。如果可以，最好调整游戏元素图片的拆分方式，尽量减少 DisplayObject 的数量。

另一种解决方式是使用 cacheAsBitmap 属性，让矢量图在运行时以位图的形式进行计算，从而大大减少矢量图的运算。

（3）尽量不要在 EnterFrame 事件中做过多的操作。

在如此高密度的实践中，每执行一次逻辑操作，都要付出非常多的性能代价。可以尝试自己定义更多的事件，在某种条件成立时，手动派发自定义事件。

（4）善用脏矩形。

脏矩形只重绘屏幕发生改变的区域，这样可以获得性能的提升。当 Egret 项目只有部分区域需要渲染时，自动脏矩形可以很好地提升项目的渲染性能。可是场景里需要渲染的区域很大，开启自动脏矩形也要消耗一些运算的性能，这时就需要关闭自动脏矩形。

通过 Stage 的 dirtyRegionPolicy 属性可以设置自动脏矩形的开关，代码如下：

```
//关闭自动脏矩形
显示对象.stage.dirtyRegionPolicy = egret.DirtyRegionPolicy.OFF;
//开启自动脏矩形
显示对象.stage.dirtyRegionPolicy = egret.DirtyRegionPolicy.ON;
```

6.3 让炮塔更加智能

6.3.1 人工智能的应用

游戏中的人工智能（Artificial Intelligence，AI）可以简单地理解为计算机控制的智能角色，这些智能角色能够感知周遭环境或者事件的变化，并用这些信息做进一步的推理和分析。下面是游戏人工智能的常用基本逻辑。

1. 感知

感知是指 AI 在所处环境或世界中，侦测周遭环境或者事件变化的能力。比如游戏中炮塔的 searchTarget()方法，若敌方单位进入以炮塔为中心的圆形侦测范围内，就会被炮塔发现。随着系统的要求越来越苛刻，游戏实体需要感知游戏世界的主要特点，如可行的穿行路径、提供掩护的地形和冲突地区。

作为游戏设计者需要全面考虑游戏中 AI 应该侦测哪些事件，从而赋予 AI 完美生动的感知能力。

2. 行动决策

当非玩家角色能感知它周围的世界时，它就可以做出相应的行动决策，这些决策取决于它所感知的信息。遵循一组预先编制的行动规则，这些规则规定了非玩家角色怎样达到它的行为目标。比如当炮塔发现敌方单位后，会面对敌方单位并发射子弹，或者在角色扮演游戏中，城镇里有很多 NPC（Non-Player Character，非玩家控制角色），例如有小贩在吆喝，有侍卫在巡逻，甚至当侍卫经过小贩身边时，可能会停下来聊会儿天。符合逻辑和丰富的 AI 可以让玩家更容易融入游戏世界。

实现以上两点，基本可以实现大部分简单的 AI。

3. 基于规则的系统

智能系统采用的最基本形式是基于规则的系统，使用一组预设的行为用于确定游戏实体的行为。比如在"吃豆人"中，有四个怪物纠缠着玩家，每个怪物都遵循一个简单的规则集，左转、右转、随机方向转弯和转向玩家。每个怪物的移动方式都很容易弄清楚，玩家能够轻松避开，但作为一个集体，这些怪物的移动方式看起来就复杂得多，而实际上检查玩家位置的却只有最后一个怪物。

基于规则的系统是最简单的人工智能结构，更复杂的智能系统是基于一系列条件规则构建的，并由这些规则管理。在战术游戏中，规则控制着要使用的策略；在策略游戏中，规则控制着建造顺序和应对冲突的方式。因此，基于规则的系统是人工智能的基础。

4. 有限状态机

有限状态机（Finite-state machine，FSM）是一个设备模型，它在有限个数量的状态下，可以根据给定的输入来进行不同状态间的切换。它可以在有规则的时间间隔内监测当前所掌握的环境数据，并基于游戏环境的变化进行状态转换。

图 6-8 是一个典型的 FSM 中的状态布局，其中的箭头表示可能的状态变化。

（1）闲置（idle）：在这种状态下，NPC 会站着不动或沿固定路线走动，感知水平低。只有受到攻击或者发现玩家出现在面前时，状态才会改变。

（2）感知（aware）：主动寻找入侵者状态。在这种状态下，NPC 会经常搜索玩家的位置等，当发现玩家时，NPC 会转换为攻击状态。

（3）攻击（attack）：NPC 已经参与到与玩家的战斗中。在此状态下，NPC 会主动攻击玩家，在消灭敌人后转换为闲置状态，或当血量较低时转换为逃跑状态，或被玩家击杀变为死亡状态。

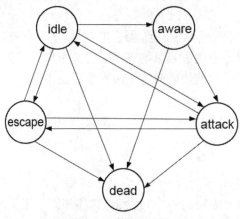

图 6-8   有限状态机

（4）逃跑（escape）：当血量降低到一定限度时，NPC 会试图逃离战斗。当逃出一定范围后，它可能会重新进入闲置状态，或者返回感知状态并恢复生命值。

（5）死亡（dead）：以上几种状态都有可能转换为死亡状态。有些游戏中，死亡或濒死的 NPC 还可能会求救或者请求附近的 NPC 帮助复活等。

5. 学习

比较复杂的游戏人工智能会记录玩家的行为变化，并记忆玩家的行为。这样，AI 角色的决策不仅可以基于当前游戏世界的状态，而且可以基于它过去的经历。

学习能力意味着 AI 能将过去的经验推广到新环境，用于新事件的处理。比如游戏 AI 在巡查出路的时候不断积累经验，最后形成最佳通关路径。

游戏 AI 还可以根据玩家的策略来分析玩家的行为，并做出更复杂的行为。比如在一些游戏中，当玩家尝试很多次失败后，AI 会分析出玩家目前的能力太差还不能适应当前的难度，于是稍微降低自己的杀伤力或者反应速度，让玩家更容易完成开始的部分。很多国外 RPG 游戏中的 NPC 可以根据玩家在游戏中的善恶变化，而对玩家表现出完全不同的态度。

人工智能是一个复杂的研究领域。根据游戏需求的不同，游戏行业的人工智能会采用不同的形式，从计算机控制器实体的简单规则集到更先进的自适应系统。随着游戏世界的日益复杂化、高深化，赋予游戏角色不断更新、不断扩展的智能也必不可少。

6.3.2   智能炮塔设计开发

下面我们给炮塔添加 AI，使其可以搜索敌方单位并攻击。添加 searchTarget()方法，用来搜索敌方单位。

```
private searchTarget():void{
    var objectList:Object = game.ModuleManager.Instance.GetModuleList();
    var tempSp:game.XFKSprite;
    for(var key in objectList){
```

```
            if(objectList[key] instanceof game.XFKSprite){
                tempSp=objectList[key];
                if(game.CommonFunction.GetDistance(tempSp.Point,this.Point)<=this.radius){
                    this.createBullet(this,tempSp);
                }
            }
        }
    }
}
```

获取经过注册的 object 列表，遍历列表中属于 XFKSprite 类的敌方单位，当炮塔和敌方单位间的距离小于雷达范围时，创建子弹射击。

```
private createBullet(source: game.BaseSprite,target: game.BaseSprite): void {
    var nowTime: number = egret.getTimer();
    if(nowTime > this.lastTime) {
        this.lastTime = nowTime + this.MoveSpeed;
        //子弹发射时间间隔，这里的 MoveSpeed 指的是射击的速度（时间间隔）
        game.XFKControls.dispatchEvent(game.BaseEvent.gm_activation_bullet,[source,target]);
        this.changeOrientation(target.Point);
    }
}
```

这里没有直接创建子弹，而是发送了一个消息，并把炮塔和雷达范围内的敌方单位放入消息中。至于接收信息的类，我们暂不关心，由 XFKScene 去处理。

接下来要使炮塔在发射子弹的时候对准敌人。

```
private changeOrientation(point:egret.Point):void{
    var xx:number=point.x-this.x;
    var yy:number=point.y-this.y;
    var angle:number=Math.atan2(yy,xx);
    angle*=180/Math.PI;
    angle-=180;
    if(angle<0) angle+=360;
    var index:number=Math.round(this.sp.totalFrames*angle/360);
    this.sp.gotoAndStop(index);
}
```

计算出炮塔与目标敌方单位的弧度，并将其转换成角度。

到这里，游戏已经基本可以运行了。还有部分没有涉及的简单类，读者可以登录 http://www.waterpub.com.cn/softdown/和 http://www.wsbookshow.com/下载本书源代码，在"相关项目源码"→"第 6 章 人工智能——经典塔防游戏制作"文件夹下查看相关代码。

第7章 建立通信——网络多人聊天

本章要点

● 了解网络编程
● WebSocket 实践
● 使用开放平台
● 微信分享实践

7.1 应用设计及分析

网络通信功能已经成为当今游戏非常重要的功能了。游戏历史上出现过的客户端游戏、网页游戏、手机游戏等，都有网络功能的支持和支撑。作为新兴技术，HTML5 自然也具有这样的能力，本章主要介绍以聊天程序来实践网络功能。我们可以将同样的方法扩展到网络游戏中。

7.1.1 网络资源设计

当涉及到网络编程时，我们需要考虑的逻辑除了程序本身的因素外，还有一系列外部因素和条件，包括网络情况与环境等。为了更好地理解网络编程的思路，下面介绍两种最常用的网络应用架构。

（1）C/S 架构（Client/Server，客户端/服务器模式）。它是大家熟知的软件系统体系结构，通过将任务合理分配到 Client 端和 Server 端，降低了系统的通信开销，需要安装客户端才可进行管理操作。

（2）B/S 架构（Browser/Server，浏览器/服务器模式）。它是 Web 兴起后的一种网络架构模式，Web 浏览器是客户端最主要的应用软件之一。这种模式统一了客户端，将系统功能实现的核心部分集中到服务器上，简化了系统的开发、维护和使用。常用的协议是 HTTP 协议。

我们所熟知的 HTTP 协议只能实现单向的通信。有一种技术称为轮询（polling）。轮询是在特定的时间间隔（如每秒）内，由浏览器对服务器发出 HTTP 请求，然后由服务器返回最新的数据给客户端的浏览器。这种传统的 HTTP 请求模式带来很明显的缺点，即浏览器需要不断地向服务器发出请求。由于客户端和服务器之间的连接需要身份验证，因此这种请求会产生频繁的身份验证以及重复的信息发送，导致时间的浪费及性能的降低。

以上这两种模式各有优劣。网络中要考虑的主要因素是网络延迟。

如图 7-1 所示，普通的 HTTP 事务可能会在 TCP 建立连接上花费多达 50%的时间，因此在游戏开发过程中如何处理好等待问题，是我们要周密考虑的。

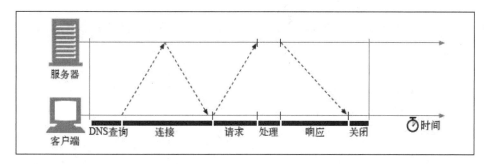

图 7-1　普通的 HTTP 请求模式

在本章中我们使用的是 WebSocket 协议，它是基于 TCP 的一种新的网络协议。它实现了浏览器与服务器全双工（Full Duplex）通信，可以通俗地解释为服务器主动发送信息给客户端。WebSocket 正在成为一个跨平台的服务器和客户端之间的实时传输协议。这个标准协议使得新型应用（App）出现，实时网络应用（App）的速度大大加快。WebSocket 最大的优点是它提供了单个 TCP 连接上的双向通信。要说明的是，WebSocket 是一个协议，而不是一个固定的具体的实现，在不同的平台下 WebSocket 有着不同的实现方式。

7.1.2　多人聊天逻辑设计

抛开各种技术名词，我们还是按照之前的方法来绘制可视化思维图（见图 7-2）。注意，我们需要把外部的资源（例如网络资源）表达到图中。

注意：在开发过程中我们需要经常审视这张图。

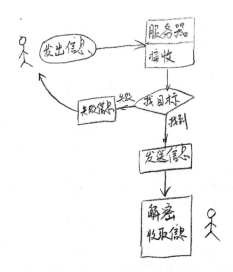

图 7-2　可视化思维图

7.1.3 WebSocket 原理及配置

HTML5 定义了 WebSocket 协议，因此能更好地节省服务器资源和带宽并达到实时通信。本节我们来介绍一下 WebSocket 相关的用法。

1. 创建 WebSocket 连接

WebSocket 是以扩展模块的形式被支持的，在现有的项目中，需要修改 egretProperties.json 中的"modules"内容，来加入对 WebSocket 模块的支持。

添加后的 egretProperties.json 文件内容如下：

```
{
    "native": {
        "path_ignore": []
    },
    "publish": {
        "web": 0,
        "native": 1,
        "path": "bin-release"
    },
    "egret_version": "4.0.3",
    "modules": [
        {
            "name": "egret"
        },
        {
            "name":"socket"
        }
    ]
}
```

选择"项目"→"编译引擎"，就可以在项目中使用 WebSocket 功能了。

首先创建一个 WebSocket 对象，然后链接我们指定的服务器，代码如下：

```
private socket:egret.WebSocket;
this.socket=new egret.WebSocket;
this.socket.connect("echo.websocket.org",80);
```

执行 connect()方法后，WebSocket 开始向服务器发起链接请求。WebSocket 会使用一些比较特殊的端口号，connect 的第二个参数就是端口号。

2. 发送数据

WebSocket 发送数据需要两步操作：第一步，向缓冲区写入即将发送的数据，这部分数据可以是 UTF-8 编码文本，也可以是二进制字节数据；第二步，使用 flush()方法对套接字

（WebSocket）输出缓冲区积累的所有数据进行刷新。代码如下：

```
class Main extends egret.DisplayObjectContainer {
    private socket:egret.WebSocket;
    public constructor() {
        super();
        this.addEventListener(egret.Event.ADDED_TO_STAGE,this.onAddToStage,this);
    }
    private onAddToStage(event:egret.Event){
        this.socket=new egret.WebSocket();
        this.socket.addEventListener(egret.Event.CONNECT,this.onSocketOpen,this);
        this.socket.connect("echo.websocket.org",80);
    }
    private onSocketOpen(evt:egret.Event){
        this.socket.writeUTF("这是即将发送的数据，为 UTF-8 编码！");
        this.socket.flush();
    }
}
```

在 WebSocket 成功连接服务器后，会调用 onSocketOpen()函数。使用 writeUTF()方法向缓冲区内添加要发送的字符数据，调用 flush()方法直接刷新数据。

3．读取数据

WebSocket 读取数据的前提条件是接收到服务器发送过来的内容。我们可以通过 egret.ProgressEvent.SOCKET_DATA 事件来监听是否接收到了服务器发过来的数据。需要注意的是，当前接收到的数据可能并非完整数据，我们需要在接收后进行进一步的处理。

接收数据的代码非常简单，具体如下：

```
private onReceiveMessage(evt:egret.ProgressEvent){
    var msg:string = this.socket.readUTF();
    console.log(msg);
}
```

WebSocket 中提供了两个读取数据的方法：一个为 readUTF()，另一个为 readBytes()。可以从套接字读取指定字节数的二进制数据。

点击"调试"按钮，查看结果（见图 7-3）。

4．WebSocket 的网络状态

WebSocket 的网络状态有两个：一个为连接中，另一个为断开连接。访问状态可以通过 Connected 属性直接读取。应在每一次网络发送数据前都检测当前网络状态，防止出现 bug（漏洞）。

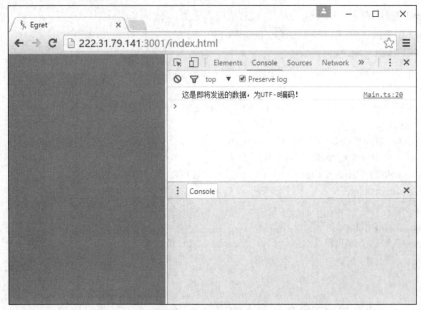

图 7-3　查看读取结果

WebSocket 中有几个事件需要非常了解，事件列表如下：

事件	说明
egret.Event.CONNECT	连接成功会派发此事件
egret.ProgressEvent.SOCKET_DATA	收到数据会派发此事件
egret.Event.CLOSE	主动关闭或者服务器关闭连接会派发此事件
egret.IOErrorEvent.IO_ERROR	出现异常会派发此事件

　　移动端在 3G/4G 网络环境下会经常发生网络抖动，此时网络连接会非常不稳定。我们需要针对 WebSocket 进行连接检测。

　　主动关闭网络连接可以使用 close 方法，如果网络环境断开监测那么可以再次使用 connect 方法进行重新连接。

7.1.4　开放平台原理及使用

　　开放平台是指软件系统通过公开其应用程序编程接口，使外部的程序可以增加该软件系统的功能或使用该软件系统的资源。比如新浪微博开放平台，开发者可以通过平台开放的接口（Open API）对微博系统进行读写，使用微博账号登录，或将自己的应用程序或网站通过微博分享出去。又如微信开放平台，开发者可以通过在项目中配置微信第三方库，实现移动应用或网站的微信登录、分享、收藏和微信支付等。

1. 开放平台优势

以微信开放平台为例，移动应用接入开放平台，可以通过发送给微信好友、分享到朋友圈来增加应用的传播；通过微信收藏，用户可以将移动应用的内容收藏到微信中，增加更多重复使用的概率；通过接入微信支付功能，用户可以在移动应用中方便快捷地通过微信支付来付款。

网站应用接入开放平台，可使用微信账号快速登录网站，降低注册门槛，提高用户留存率。

同一用户使用微信登录不同应用和公众账号，会对应同一个 UnionID，以便进行不同业务间的账号统一。

除此之外，微信开放平台还支持公众账号开发，相比移动应用，微信公众账号更容易获得用户，也更容易进行传播。微信认证的订阅号可获得"自定义菜单"权限，认证服务号能够获得所有高级接口，比如使用银行服务号可以查询信用卡账单、额度，快速还款和转接人工服务等。

2. 开放平台接入流程

（1）创建网站应用。通过填写应用或网站名称、简介、图标、下载地址或网址等信息，创建移动应用或网站。

（2）提交审核。由平台对应用或网站信息进行审核。

（3）审核通过上线。移动应用审核通过后，开发者得到 AppID，可立即用于开发。但应用登记完成后还需要提交审核，只有审核通过的应用才能正式发布使用。

网站应用审核通过后，开发者获得相应的 AppID 和 AppSecret，可开始接入流程。网站应用微信登录是基于 OAuth2.0 协议标准构建的微信 OAuth2.0 授权登录系统。

说明：微信 OAuth2.0 授权登录让微信用户使用微信身份安全登录第三方应用或网站，在微信用户授权登录已接入微信 OAuth2.0 的第三方应用后，第三方可以获取到用户的接口调用凭证（access_token），通过 access_token 可以进行微信开放平台授权关系接口调用，从而可实现获取微信用户基本开放信息和帮助用户实现基础开放功能等。

7.2　游戏聊天室开发

本节主要讲述制作一个游戏中常用的聊天模块。由于聊天功能需要使用 WebSocket 协议实现通信，因此我们还需要制作一个 WebSocket 服务器。

WebSocket 建立在 Node.js 之上，如果读者对服务器技术非常熟悉，也可使用其他语言来编写 WebSocket 服务器。

在 Node.js 中我们使用 ws 第三方模块来实现服务器业务逻辑的快速搭建。使用 npm 包管理器来安装 ws 模块。

安装 Node.js 和 npm，只需要登录官网（http://nodejs.org/），选择合适的版本安装即可。可以选择安装.msi 文件，它同时集成了 node 和 npm。安装完成后使用 cmd 命令打开控制台，输入 node -v 和 npm -v 命令查看版本，测试是否安装成功（见图 7-4）。

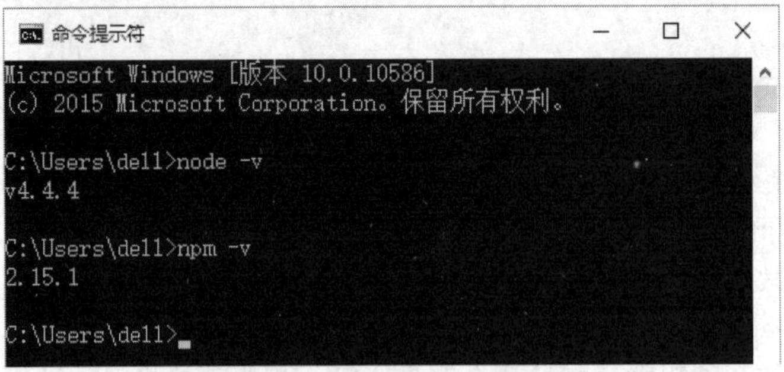

图 7-4　测试是否成功安装

选择"开始"→"所有程序"→Node.js→Node.js command prompt 命令，进入安装目录，输入 npm install ws，完成后可看到安装目录下的 node_modules 文件夹里增加了 ws 文件夹（见图 7-5）。

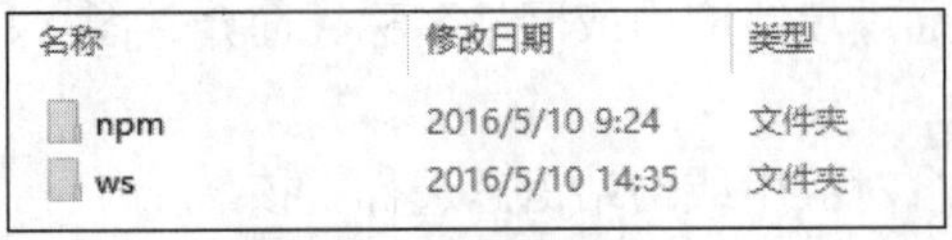

图 7-5　查看安装目录

将 ws 文件夹路径添加到 NODE_PATH 系统环境变量中，ws 模块就可以使用了。

选择一个文件位置，新建 index.js 文件，编写如下代码：

```
var WebSocketServer = require('ws').Server,
wss = new WebSocketServer({port:8080});
var sf = new Array();
wss.on('connection',connection);
function connection(ws)
{
    console.log(ws);
    sf.push(ws);
    ws.on('message',incoming);
}
function incoming(message)
{
    console.log(message);
    for(var i=0;i<sf.length;i++)
    {
        sf[i].send(message);
    }
}
```

打开控制台，进入 index.js 文件所在的文件夹，使用 node index.js 命令来启动刚刚编写的服务器。如果没有报错，证明代码已经正常运行。

以上我们在服务器端仅做了一个广播群发的工具，当服务器接收到客户端发来的数据后，将数据原封不动地发送给已经连接的所有客户端，以达到群聊的目的。在实际项目中，服务器的逻辑要复杂得多。

服务器制作完成后，再来编写客户端代码。

新建一个屏幕为 480*600 像素的 EUI 项目，命名为 ChatRoom，删除 eui_skin 和 assets 文件夹下的资源，将本节需要的图片资源复制到 assets 文件夹中，然后新建 PushMsgBtnSkin.exml 按钮皮肤和 ChatSkin.exml 场景皮肤。图 7-6 所示为 ChatSkin.exml 场景布局。

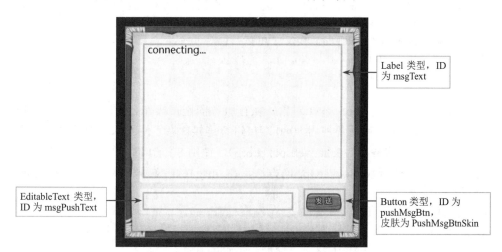

图 7-6　聊天室场景皮肤

新建类 ChatView.ts，设定皮肤为 ChatSkin.exml，添加事件监测，当点击"发送"按钮时发送 PUSH_MSG 消息，由主程序来处理。

```
class ChatView extends eui.Component{
    public pushMsgBtn:eui.Button;
    public msgText:eui.Label;
    public msgPushText:eui.TextInput;
    public PUSH_MSG: string = "pushMessage";
    public constructor() {
        super();
        this.skinName = "resource/eui_skins/ChatSkin.exml";
        this.pushMsgBtn.addEventListener(egret.TouchEvent.TOUCH_TAP,this.onButtonClick,this);
    }
    private onButtonClick(event:egret.TouchEvent):void{
        var pushEvent: egret.Event = new egret.Event(this.PUSH_MSG);
        this.dispatchEvent(pushEvent);
    }
}
```

打开 Main.ts 文件，修改 createScene()函数：

```
private createScene(){
    if(this.isThemeLoadEnd && this.isResourceLoadEnd){
        this.init();
    }
}
private socket:egret.WebSocket;
private init(){
    this.socket=new egret.WebSocket();
    this.socket.addEventListener(egret.ProgressEvent.SOCKET_DATA,this.onReceiveMessage,this);
    this.socket.addEventListener(egret.Event.CONNECT,this.onSocketOpen,this);
    //this.socket.connect("echo.websocket.org",80);
    this.socket.connect("127.0.0.1",8080);
    this.startCreateScene();
}
```

在 init()方法中创建 WebSocket 对象，执行服务器连接操作，同时创建界面。由于服务器开放了 8080 端口，我们也需要使用 8080 端口进行连接。除了使用本机编写的服务器外，也可以使用 Egret 提供的服务器（echo.websocket.org），使用 80 端口进行连接。

连接成功后，执行 onSocketOpen()方法，在 msgText 文本框中显示"The connection is successful!"。

```
private onSocketOpen(evt:egret.Event)
{
    this.ChatRoomView.msgText.text += "\nThe connection is successful!";
}
```

当客户端收到数据时会派发 ProgressEvent 事件，执行 onReceiveMessage()方法，读取服务器所传递过来的数据，并通过 readUTF()方法来获取一个 UTF8 编码的文本，最终显示在 msgText 文本框中。

```
private onReceiveMessage(evt:egret.ProgressEvent){
    var msg:string = this.socket.readUTF();
    this.ChatRoomView.msgText.text +="\nServer:"+msg;
}
```

修改 startCreateScene()函数内容，添加 ChatView 场景：

```
private ChatRoomView:ChatView;
protected startCreateScene(): void {
    this.ChatRoomView=new ChatView;
    this.addChild(this.ChatRoomView);
    this.ChatRoomView.addEventListener(this.ChatRoomView.PUSH_MSG,this.onPushMsg,this);
}
```

添加一个消息处理函数，接收当点击"发送"按钮时 ChatRoomView 发送的 PUSH_MSG 消息。

```
private onPushMsg(e: egret.TouchEvent) {
    this.socket.writeUTF(this.ChatRoomView.msgPushText.text);
    this.ChatRoomView.msgPushText.text="";
}
```

将输入文本框 msgPushText 中的文本以 UTF8 编码形式写入到 WebSocket 对象中，然后将数据发送给服务器，并清除文本框中的内容。

启动服务器后，点击"调试"按钮。打开多个网页，输入发送内容，可以看到服务器能得到客户端的信息并响应（见图 7-7）。

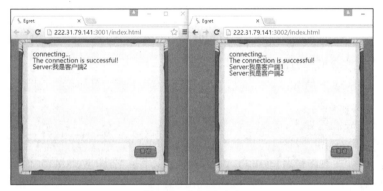

图 7-7　客户端响应

服务器端响应如图 7-8 所示。

```
destroyed: false,
bytesRead: 0,
_bytesDispatched: 175,
_sockname: null,
_pendingData: null,
_pendingEncoding: '',
server: [Object],
_server: [Object],
_idleTimeout: -1,
_idleNext: null,
_idlePrev: null,
_idleStart: 20222,
parser: null,
on: [Function],
_paused: false,
read: [Function],
_consuming: true },
extensions: { 'permessage-deflate': [Object] },
firstFragment: true,
compress: false,
messageHandlers: [],
processing: false } }
我是客户端2
```

图 7-8　服务器端响应

7.3　通过微信分享

7.3.1　配置 JS-SDK 第三方库

请到 GitHub 下载或更新第三方库，如图 7-9 所示，具体地址为 https://github.com/egret-labs/egret-game-library。

📁 weixinapi	add weixin fullscreenvideo	5 days ago

图 7-9　到 GitHub 网站下载第三方库

在项目中设置微信第三方库。

将 weixinapi/libsrc 下的 bin 文件夹放置在项目外的任意文件夹内。例如：

D:\Documents\weixinapi

假设项目文件夹位置如下：

D:\Documents\testWeixin

在 testWeixin 项目中，打开 egretProperties.json 文件，添加 weixinapi 模块。在 modules 模块下添加如下内容：

```
"modules": [
    {
        "name": "egret"
    },
    {
        "name":"weixinapi",
        "path":"../weixinapi"
    }
]
```

执行"项目"→"编译引擎"，将模块编译到项目中，在代码中就可以使用第三方库了。

在 Egret 项目中添加如下代码：

```
var bodyConfig: BodyConfig = new BodyConfig();
bodyConfig.appId = "此处填写公共平台 AppID，未认证的 ID 将不能使用自定义分享等接口，请联系微信官方获取";
bodyConfig.debug = true;
///... 其他的配置属性赋值
///通过 config 接口注入权限验证配置
if(wx) {
    wx.config(bodyConfig);
    wx.ready(function() {
    ///在这里调用微信相关功能的 API
```

```
})
}
```

编译成功后，打开浏览器控制台，可以看到如图 7-10 所示的输出。

```
"config", ▼ BodyConfig 🔲              :3002/libs/weixinapi/jweixin-1.0.0.js:1
            appId: "wxb801ecbdf34b0010"
            debug: true
          ▶ __proto__: BodyConfig
```

图 7-10　控制台输出

7.3.2　微信 JS-SDK 的使用

说明：对于微信 JS-SDK 说明文档的详细内容，请登录 http://mp.weixin.qq.com/wiki/home/index.html，选择"微信网页开发"→"微信 JS-SDK 说明文档"进行查看。

（1）绑定域名。登录微信公众平台，进入"公众号设置"的"功能设置"里填写"JS 接口安全域名"。登录后可在"开发者中心"查看对应的接口权限。

（2）引入 JS 文件。配置 JS-SDK 第三方库。

（3）通过 Config 接口注入权限验证配置。所有需要使用 JS-SDK 的页面必须先注入配置信息，否则将无法调用（同一个 URL 仅需调用一次，对于变化 URL 的 SPA 的 Web App 可在每次 URL 变化时进行调用）。

说明：这里需要通过后台脚本获得动态签名和时间戳等，可以参考开发者 d8q8 提供的教程配置后台脚本，网址为 http://bbs.egret-labs.org/thread-3279-1-1.html。

配置好后台脚本后，定义接口：

```
interface SignPackage {
    appId:string;
    nonceStr:string;
    timestamp:number;
    signature:string;
    url:string;
}
```

获取数据：

```
private url:string;
private signPackage:SignPackage;
    /**
     * 获取签名分享
     */
    private getSignPackage() {
        var urlloader = new egret.URLLoader();
        var req = new egret.URLRequest(this.url);
        urlloader.load(req);
```

```
        req.method = egret.URLRequestMethod.GET;
        urlloader.addEventListener(egret.Event.COMPLETE, (e)=> {
            this.signPackage = <SignPackage>JSON.parse(e.target.data);
            this.getWeiXinConfig();        //下面会定义
        }, this);
    }
```

这里使用开发者 d8q8 提供的教程中规定的 JSON 数据格式，具体如下：

- 公众号的唯一标识：appId。
- 时间戳：timestamp。
- 随机字符串：nonceStr。
- 签名：signature。

```
private getWeiXinConfig() {
    /*
    * 注意:
    * (1) 所有的 JS 接口只能在公众号绑定的域名下调用，公众号开发者需要先登录微信公众平台，
            进入"公众号设置"的"功能设置"里填写"JS 接口安全域名"。
    * (2) 如果发现在 Android 不能分享自定义内容，请到官网下载最新的包覆盖安装，Android 自
            定义分享接口需升级至 6.0.2.58 版本及以上。
    * (3) 完整的 JS-SDK 文档的地址：http://mp.weixin.qq.com/wiki/7/aaa137b55fb2e0456bf8dd9148
            dd613f.html。
    * 如有问题请通过以下渠道反馈:
    * 邮箱地址：weixin-open@qq.com
    * 邮件主题：【微信 JS-SDK 反馈】具体问题
    * 邮件内容说明：用简明的语言描述问题所在，并交代清楚遇到该问题的场景，可附上截屏图
            片，微信团队会尽快处理您的反馈。
    */
    //配置参数
    var bodyConfig = new BodyConfig();
    /*开启调试模式，调用的所有 API 的返回值会在客户端通过 alert 显示出来,若要查看传入的参数，
        可以在 PC 端打开，参数信息会通过 log 打出，仅在 PC 端时才会打印*/
    bodyConfig.debug = true;
    bodyConfig.appId = this.signPackage.appId;          //必填，公众号的唯一标识
    bodyConfig.timestamp = this.signPackage.timestamp;   //必填，生成签名的时间戳
    bodyConfig.nonceStr = this.signPackage.nonceStr;     //必填，生成签名的随机字符串
    bodyConfig.signature = this.signPackage.signature;   //必填，签名
    bodyConfig.jsApiList = [//必填，需要使用的 JS 接口列表，所有要调用的 API 都要加到这个列表中
                        'checkJsApi',     //判断当前客户端是否支持指定 JS 接口
                        'chooseImage'     //拍照或从手机相册中选图接口
    ];
    wx.config(bodyConfig);
}
```

通过 ready 接口处理成功验证。

```
wx.ready(function() {
    ///在这里调用微信相关功能的 API
    wx.checkJsApi({
        jsApiList: ['chooseImage'], //需要检测的 JS 接口列表
        success: function(res) {
        //以键值对的形式返回，可用的 API 值为 true，不可用为 false
        //如：{"checkResult":{"chooseImage":true},"errMsg":"checkJsApi:ok"}
        }
    });
});
```

7.3.3   微信分享接口使用

获取"发送给朋友"按钮点击状态及自定义分享内容接口。

```
private onShareAPPMessage() {
    var shareAppMessage = new BodyMenuShareAppMessage();
    shareAppMessage.title = '发送给朋友';
    shareAppMessage.desc = '在长大的过程中，我才慢慢发现，我身边的所有事，别人跟我说的所有事，
    那些所谓本来如此、注定如此的事，它们其实没有非得如此，事情是可以改变的。更重要的是，有
    些事既然错了，那就该做出改变。';
    shareAppMessage.link = 'http://movie.douban.com/subject/25785114/';
    shareAppMessage.imgUrl = 'http://demo.open.weixin.qq.com/jssdk/images/p2166127561.jpg';

    shareAppMessage.trigger = function (res) {
    //不要尝试在 trigger 中使用 ajax 异步请求修改本次分享的内容，因为客户端分享操作是一个同步操
    //作，这时候使用 ajax 异步请求的回包还没有返回
        console.log('用户点击发送给朋友');
    }
    shareAppMessage.success = function (res) {
        console.log('已发送');
    };
    shareAppMessage.fail = function (res) {
        console.log('已取消');
    };
    shareAppMessage.cancel = function (res) {
        console.log(JSON.stringify(res));
    };
}
```

监听"分享到朋友圈"按钮点击、自定义分享内容及分享结果接口操作。

```
private onTimeline(e:egret.TouchEvent): void {
    var sharet = new BodyMenuShareTimeline();
    sharet.title = "用户点击分享到朋友圈";
```

```
        sharet.link = "http://movie.douban.com/subject/25785114/";
        sharet.imgUrl = "http://demo.open.weixin.qq.com/jssdk/images/p2166127561.jpg";
        sharet.trigger = function (res) {
            //不要尝试在 trigger 中使用 ajax 异步请求修改本次分享的内容，因为客户端分享操作是一个同步
            //操作，这时候使用 ajax 异步请求的回包还没有返回
            console.log('用户点击分享到朋友圈');
        };
        sharet.success = function (res) {
            console.log('已分享');
        };
        sharet.cancel = function (res) {
            console.log('已取消');
        };
        sharet.fail = function (res) {
            console.log(JSON.stringify(res));
        };
    }
```

第8章　高级技巧

本章要点

- HTML5 与游戏开发
- HTML5 与 Egret Engine 的关系
- 如何更有效地使用本书

8.1　实际开发中的常见问题

游戏开发的综合性很强，遇到的问题也会很多。本章我们选取了开发中常见的问题来介绍解决的技巧，希望能够助读者一臂之力，使项目更加完善，同时也希望读者能够拓展视野，为更长久的学习打下基础。

8.1.1　屏幕适配与自动布局

由于移动设备上存在各种分辨率的屏幕，因此，如何能够使用一套代码写出适应各种分辨率屏幕的 UI 界面便显得尤为重要。这里要特别注意，完善的屏幕适配分为两个步骤：①舞台尺寸（Stage.stageWidth, Stage.stageHeight）与设备屏幕的适配关系；②内部 UI 界面与舞台尺寸的适配关系。通常所说的屏幕适配都只做到了第一步，也就是通过设置舞台的 scaleMode 属性来解决舞台尺寸，但是没有做到第二步，这样还是无法达到预期效果，因为界面是写死的，它可能会自动调整尺寸。

而在 EUI 库里，我们通过引入自适应流式布局（简称"自动布局"），能够完美地解决第二步的屏幕适配问题。下面先来看一个屏幕适配的实际例子：

```
1.    class Main extends egret.Sprite{
2.
3.        public constructor(){
4.            super();
5.            this.addEventListener(egret.Event.ADDED_TO_STAGE,this.onAddToStage,this);
6.        }
7.
8.        public onAddToStage(event:egret.Event):void{
9.            var uiLayer:eui.UILayer = new eui.UILayer();
10.           this.addChild(uiLayer);
11.
```

```
12.        var exmlText = `<e:Group width="100%" height="100%" xmlns:e="http://ns.egret.com/eui"> <e:Image
           source="image/header-background.png" fillMode="repeat" width="100%" height="90"/> <e:Label
           horizontalCenter="0" top="25" text="Alert"/> <e:Button skinName="skins.BackButtonSkin"
           top="16" left="16" label="Back"/> <e:Group width="100%" top="90" bottom="0"> <e:Button
           skinName="skins.ButtonSkin" horizontalCenter="0" verticalCenter="0" label="Show Alert"/>
           </e:Group> </e:Group>`;
13.
14.        var exmlClass = EXML.parse(exmlText);
15.        var group:eui.Group = new exmlClass();
16.        uiLayer.addChild(group);
17.    }
18. }
```

Main 是程序的入口类，我们在 Main 被添加到舞台时，开始创建一系列的子项：首先要创建一个 UILayer，它是 UI 的根容器，它的宽高会自动跟舞台宽高保持一致，起到最外层的自适应作用，然后我们使用 EXML 快速实例化一系列的组件，为简便起见，直接将 EXML 的内容嵌入到代码中（请参考第 4.3.1 节中的"嵌入 EXML 文本内容到代码"）。下面简单介绍 EXML 实例化的内容：

（1）标题栏背景：显式设置高度为 90 像素，宽度设置为父级容器的 100%（percentWidth = 100），也就是始终跟 uiStage 一样宽。

（2）标题文本：垂直方向距离顶部 25 像素（top=25，这里等同于直接设置 y=25）。水平方向居中（horizontalCenter = 0）。

（3）"返回"按钮：垂直方向距离顶部 16 像素，水平方向距离左边 16 像素。同理，也可以直接设置 x=y=16。这里请先忽略 skinName 属性的细节，我们直接引用了一个类名是 skins.BackButtonSkin 的按钮皮肤。

（4）内容容器：水平方向宽度跟父级容器保持一致（percentWidth = 100），注意垂直方向，距离顶部 90 像素且距离底部 0 像素（top = 90，bottom = 0），也就是说它的高度会被拉伸，以填满父级容器 y=90 至最底部的区域。最终效果就是内容容器（contentGroup）始终覆盖除了标题栏的区域。

（5）Show Alert 按钮：注意这个按钮被添加到了 contentGroup 里，其水平位置和垂直位置都相对 contentGroup 居中。

定义了布局规则后，无论舞台尺寸变成什么比例，最终的显示效果都会自动适应，而不需要改动代码，这能有效解决移动开发中的各种屏幕分辨率适配问题，运行结果大致如图 8-1 所示。

自动布局不仅能解决屏幕分辨率适配问题，同时也是皮肤复用的基石。使用自动布局的皮肤，能够自动适应各种逻辑组件的尺寸，自动调整内部皮肤部件的位置，从而在最大程度上复用皮肤。

关于流式结构，我们以上面的代码为例，Show Alert 按钮在 contentGroup 中，contentGroup

在根 Group 中，根 Group 在 UILayer 中。当舞台尺寸发生改变时，最外层的 UILayer 就会调整自己的宽度跟舞台保持一致，由于根 Group 设置了宽高值为 100%（表示为父级容器的 100%），因此其也会主动跟 UILayer 保持一致。再往内就会调整 contentGroup 的尺寸，contentGroup 再刷新布局调整 Show Alert 按钮的位置，使其始终保持居中。整个 UI 的显示列表就是这样的结构，一处发生改变，与其相关联组件的位置尺寸都会自动刷新，并且这个自动刷新的过程无需担心频繁的计算消耗，因为自动布局使用了失效验证机制来提供强力的性能保障。

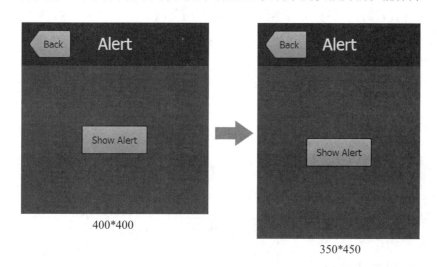

图 8-1　屏幕分辨率自动适应

　　自动布局本质上就是封装了各种更加便捷的相对布局属性，结合失效验证机制，在合适的触发条件下（如尺寸发生改变时），自动设置相关对象的 x、y、width、height 等属性。所以无论过程是怎样的，最终结果都是直接体现在 x、y、width、height 这些最原始的属性上，并没有脱离显示对象原始的 API。

　　下面来详细说明 measure()和 updateDisplay- List()方法：

　　updateDisplayList()方法负责布局子项（即设置子项的 x、y、width、height），或做一些矢量重绘操作。这个方法很好理解，具体的布局功能就是在这里实现的。那为什么需要 measure()方法呢？举个例子，有一个容器（Group），里面放了一个单行文本（Label），若想要文本始终在容器中水平居中（horizontalCenter=0），那么不显式设置文本的 width 即可，这时 measure()方法就派上用场了，它会在文本内容改变时，自动测量出当前合适的 width，父级就会根据这个 width，重新布局它的 x 和 y。

　　EUI 里所有的组件都是这样：如果不显式设置它的宽高，它就调用 measure()方法给自己测量出一个最佳尺寸，在没有被父级强制布局的情况下，这个值最终赋值给 width 和 height 属性；反之，如果显式设置了组件的 width 或 height 属性，width 或 height 就使用显式设置的值。若组件同时被设置了 width 和 height，measure()方法将不会再被调用。至于何为测量的"最佳尺寸"，不同的组件有自己的测量方式，容器应能刚好放下所有子项，文本应能完整显示文本内容，而 Image 则应能放下内部要显示的位图素材。其他的组件具体在各自的 measure()方法里实现。当多个组件都需要测量的时候，会按照显式列表深度，从内向外测量，而布局阶段正好相反，是从外向内测量。

总之，如果希望自定义的组件像框架里的标准组件一样能加入自动布局体系，就必须要同时复写 measure()和 updateDisplayList()这两个方法。先来看 Group 这个容器基类是如何实现多种多样的布局方式的。它不负责具体的布局规则，而是做了一个解耦处理，增加了一个 layout 属性，类型为 LayoutBase。我们来看看 Group 在这两个方法里写了什么：

```
1.    protected measure():void {
2.        if (!this.$layout) {
3.            this.setMeasuredSize(0, 0);
4.            return;
5.        }
6.        this.$layout.measure();
7.    }
8.
9.    protected updateDisplayList(unscaledWidth:number, unscaledHeight:number):void {
10.       if (this.$layout) {
11.           this.$layout.updateDisplayList(unscaledWidth, unscaledHeight);
12.       }
13.       this.updateScrollRect();
14.   }
```

Group 把自己的 measure()方法交给了 layout.measure()方法去实现，把 updateDisplayList()方法交给了 layout.updateDisplayList()方法去实现。也就是把具体的布局方式解耦了出来，成了独立的一个 LayoutBase 类。这样所有的容器都可以采用 Group+LayoutBase 组合的方式为自己设置任意的布局。

8.1.2 如何使用第三方库

1. 扩展模块

首先创建一个不引用任何模块的 Egret 空项目，读者会看到在项目文件夹中有一个 egretProperties.json 文件，这个文件描述了当前项目的一些信息（见图 8-2）。

其中包含一个 modules 字段，这部分就是用来配置扩展模块和第三方库的。

为了统一管理，Egret 官方库按照模块呈现，这样设计的目的是避免加载不需要的模块，减少最终代码的体积，提高加载速度。

目前 Egret 的官方库分为以下八个模块：
- egret：必备的核心库。
- game：制作游戏会用到的类库，比如 MovieClip、URLLoader 等。

- res：资源加载库，所有涉及资源载入的工作都可以通过这个模块来完成。
- tween：动画缓动类。
- dragonbones：龙骨动画库，用来制作一些复杂的动画效果。
- socket：用来通信的 WebSocket 库。
- gui：老版本的 UI 库。
- eui：新增的 UI 库，使用起来更加方便。

开发者需要用哪个模块，就配置哪个。比如想用 game、tween、eui 这三个模块，只要像图 8-3 这样添加到配置文件里即可。

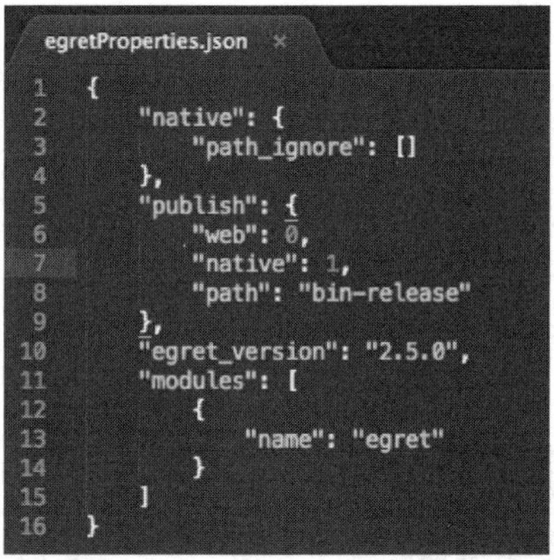

图 8-2　egretProperties.json 文件

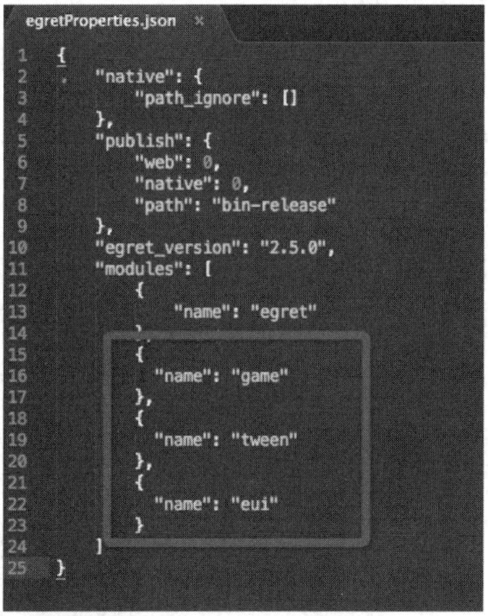

图 8-3　添加库到配置文件

我们会发现，在项目的 libs/modules 文件夹下，原来只有一个 egret 文件夹，现在多了 game、eui 和 tween 三个文件夹，这些就是使用到的类库。

同样的，如果在 egretProperties.json 配置文件里把模块名删掉，libs/modules 文件夹下也会删掉对应的类库。

2. 第三方库开发

第三方库可以是标准的 TypeScript 库，也可以是在网上下载的现成的 JavaScript 库，或者是自己写的 JavaScript 库。

由于 JavaScript 与 TypeScript 在语法结构上的差异，在 TypeScript 中不能直接调用 JavaScript 库的 API，所以 TypeScript 团队提供了一套虚构定义语法，可以把现有代码的 API 用头文件的形式描述出来，扩展名为.d.ts（.d.ts 命名会提醒编译器这种文件不需要编译）。这套虚构定义语法，让开发者不需要去实现函数里的代码，类似定义 interface 和抽象类。

幸运的是，目前大多数流行的 JavaScript 类库已经由官方提供，或者由热心的社区开发者提供了对应的.d.ts 文件。当然，如果没有，我们也可以自己编写。

另外，由于一些流行的 JavaScript 库在快速更新，可能会存在找到的.d.ts 文件定义与 JavaScript 库的版本不一致而导致其中的 API 并没有完全对应的问题。遇到这种情况，可以寻找对应版本的 JavaScript 库，也可以自己修改一下.d.ts 文件。

准备好了要使用的第三方库后，还需要把它编译成 Egret 需要的模块结构。

比如现在有一个名为 jszip 的 JavaScript 库，它包含三个文件：

- FileSaver.js
- jszip.d.ts
- jszip.min.js

第 1 步：创建一个 Egret 第三方库的项目文件，在命令行中输入以下命令。

egret create_lib jszip

第三方库项目与 Egret 项目不能嵌套，请不要在 Egret 项目目录下面创建第三方库项目。

我们会发现刚刚创建的第三方库项目和我们平时看到的 Egret 项目结构是不同的，其里面包含三个空文件夹 bin、src、libs（如果没有请自行加上），还有一个 package.json 的配置文件。

第 2 步：把上面准备好的三个文件拷贝到 src 文件夹中。

第 3 步：如果需要引用其他的第三方库的代码，请把引用到的库文件（主要是.d.ts 文件）放到 libs 目录下，此目录下不要放除了.d.ts 外的其他.ts 文件。

第 4 步：打开 package.json 文件（见图 8-4），将三个文件写到 files 下面，如果文件有先后依赖顺序，一定要注意顺序。

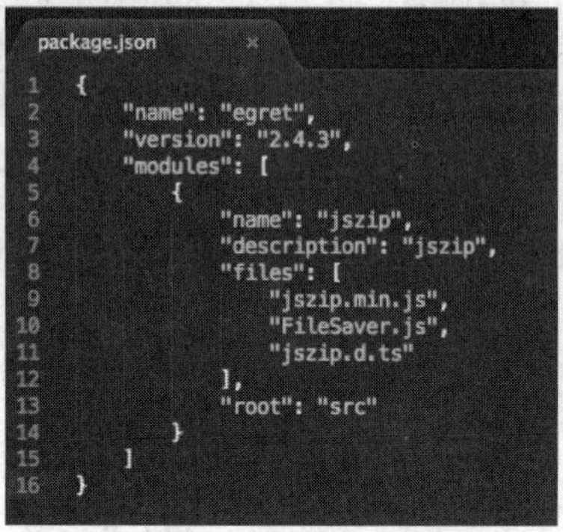

```json
{
    "name": "egret",
    "version": "2.4.3",
    "modules": [
        {
            "name": "jszip",
            "description": "jszip",
            "files": [
                "jszip.min.js",
                "FileSaver.js",
                "jszip.d.ts"
            ],
            "root": "src"
        }
    ]
}
```

图 8-4　package.json 文件

第 5 步：在命令行中输入编译命令。

egret build jszip

编译完成后我们会发现，在 bin 文件夹下生成了一个 jszip 文件夹，里面有个三个文件。

- jszip.d.ts：描述文件。
- jszip.js：在 Egret 项目里，Debug 模式时使用的 JavaScript 库。
- jszip.min.js：在 Egret 项目里，发布后的正式版使用的 JavaScript 库。经过压缩，其体积比 jszip.js 小，使用方法和官方的扩展模块类似。在 modules 里填写相关的信息，如图 8-5 所示。

```json
egretProperties.json  ×
1   {
2     "native": {
3       "path_ignore": []
4     },
5     "publish": {
6       "web": 0,
7       "native": 1
8     },
9     "egret_version": "2.5.0",
10    "modules": [
11      {
12        "name": "egret"
13      },
14      {
15        "name": "jszip",
16        "path":"C:/Users/Administrator/Desktop/jszip"
17      }
18    ]
19  }
```

图 8-5　在 modules 里填写相关信息

1.　"name": "jszip"　//第三方库的名称
2.　"path": "C:/Users/Administrator/Desktop/jszip" //刚才我们创建的第三方库的路径,绝对路径或者相对路径

这里需要注意的是，jszip 需要放置在 Egret 项目目录的外面。

最后命令行里使用 egret build -e 命令，引擎会把自定义的第三方库引用进来，在 libs/modules 路径下，我们会看到 jszip 库（见图 8-6），并且在 index.html 文件的 modules_files 块中会加入 jszip 的 script 标签（见图 8-7）。

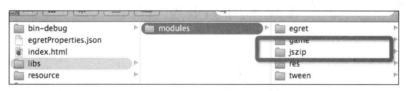

图 8-6　jszip 库

```html
<!--这个标签为通过egret提供的第三方库的方式生成的 javascript 文件-->
<!--modules_files_start-->
<script egret="lib" src="libs/modules/egret/egret.js" src-release="libs/modules/egret/egret.min.js"></script>
<script egret="lib" src="libs/modules/egret/egret.web.js" src-release="libs/modules/egret/egret.web.min.js"></script>
<script egret="lib" src="libs/modules/game/game.js" src-release="libs/modules/game/game.min.js"></script>
<script egret="lib" src="libs/modules/game/game.web.js" src-release="libs/modules/game/game.web.min.js"></script>
<script egret="lib" src="libs/modules/jszip/jszip.js" src-release="libs/modules/jszip/jszip.min.js"></script>
<script egret="lib" src="libs/modules/res/res.js" src-release="libs/modules/res/res.min.js"></script>
<!--modules_files_end-->
```

图 8-7　加入 jszip 的 script 标签

所有 API 的描述文件（即后缀为.d.ts 的文件），需要放在 src 文件夹下（即需要在 package.json 文件里配置），其他的文件请放在 libs 文件夹下。

除了使用 Egret 提供的标准第三方库的方式外，我们还提供了另外一种可以通过 index.html 文件来直接配置的方式。

代码请放在 libs 目录下面（见图 8-8），但是不要放在 libs/modules 下面。

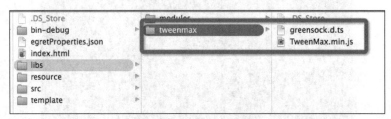

图 8-8　libs 目录位置

在 index.html 文件的 other_libs_files 块中，配置自定义的第三方库，需要填写 egret="lib" 以及 src-release（见图 8-9）。

```
<!—这个标签为不通过egret提供的第三方库的方式使用的 javascript 文件，请将这些文件放在libs下，但不要放在modules下面。—>
<!—other_libs_files_start—>
<script egret="lib" src="libs/tweenmax/TweenMax.min.js" src-release="libs/tweenmax/TweenMax.min.js"></script>
<!—other_libs_files_end—>
```

图 8-9　配置自定义的第三方库

所有放在 libs 目录下面的文件和以 ts 作为扩展名的文件只能是.d.ts 文件（如 a.d.ts），不能有纯 ts 文件（如 a.ts）。

8.2　跨平台开发与发布

8.2.1　iOS 和 Android APP 生成方法

打开 Egret Wing 的菜单栏，在 Project 菜单中选择 BuildApp（见图 8-10），弹出"发布移动 APP"对话框（见图 8-11）。

图 8-10　发布 APP

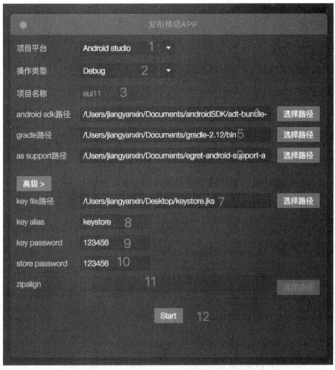

图 8-11　"发布移动 APP"对话框

（1）选择项目平台：Android（Android Studio、Eclipse）或 iOS。iOS 只能在 Mac 下才可以选择（见图 8-12）。

图 8-12　iOS 平台"发布移动 APP"设置

（2）选择操作类型：Debug 和 Release。其中仅提供 Android 版本的 Release，iOS 在 Debug 和 Release 时请在执行完后在 Xcode 中进行后续的操作。

（3）输入对应的项目名称。

（4）android sdk 路径：设置到 sdk 即可。例如：/Users/helloca/Documents/androidSDK/adt-bundle-mac-x86_64-20140702/sdk。

（5）gradle 路径：设置到 bin 即可。例如：/Users/helloca/Documents/gradle-2.12/bin。

注意：Eclipse 平台对应的是设置 ant 路径，设置到 bin 即可。例如：/Users/helloca/Documents/apache-ant-1.9.7/bin。

（6）as support 路径：Android Studio 版本的 support 路径。例如：/Users/helloca/Documents/egret-android-support-as。

注意：Eclipse 平台对应的是 Eclipse 版本的 support 路径。

（7）签名文件所在路径：Android 发布时使用。

（8）签名文件的别名：Android 发布时使用。

（9）签名文件的 key password：Android 发布时使用。

（10）签名文件的 store password：Android 发布时使用。

（11）zipalign 工具的路径：只需指明到其父路径即可，Android 发布时使用。例如：/Users/helloca/Documents/androidSDK/adt-bundle-mac-x86_64-20140702/sdk/build-tools/22.0.1。

（12）start 按钮：点击后开始执行相应的 Debug 或者 Release 操作。

Android 工程执行 Debug 操作时，会在构建完成后自动查找连接的设备，如果查找到会自动安装 apk 文件。请确认设备是否连接并打开了 USB 调试功能，如果没有请在构建完成后手动安装。

iOS 平台发布 APP 时应注意：

● 选择对应的操作类型：Debug 或 Release。
● iOS 版本的 support 路径。

此外，还应注意：

● 路径中不能含有中文或者空格。
● Windows 系统不建议将各项依赖放置在系统盘下。
● iOS 构建完成后请使用 Xcode 打开 iOS 的项目，然后在 Xcode 里点击测试或正式发布。
● 对于 Xcode 测试，建议直接连接真机测试。目前真机测试是免费的，不需要购买苹果开发者账号。
● Xcode 正式发布时需提供正式的开发者账号和证书，请自行购买。

8.2.2 微信小程序生成方法

Egret Wing 的更新和维护速度非常快，从对微信小程序的支持就可以看出。最新版本的 Egret Wing 针对微信小程序的开发做了深度集成，提供小程序项目模板，同时能提供与微信官方文档内容一致的代码提示，在修改小程序的 js、wxml 和 wxss 文件时可以一目了然地知道要怎样按照文档接口规范来调用 API 接口。

　　我们在这里简单演示用 Egret Wing 创建小程序项目的过程和使用方法，更多更具体的操作方法，需要读者在实际开发中多揣摩实践。

　　根据模板来创建微信小程序项目时，先点击"创建一个新项目"，然后选择"微信小程序"（见图 8-13）。

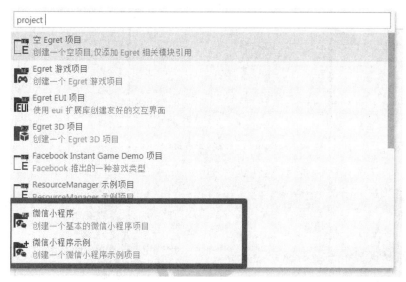

图 8-13　创建微信小程序

填写项目名称和项目路径（见图 8-14）。

图 8-14　填写项目名称和项目路径

项目创建成功后默认的界面分布和本地效果预览如图 8-15 和图 8-16 所示。

图 8-15　小程序项目界面分布和预览效果

图 8-16　切换不同型号手机的预览效果

点击预览界面的右上角，在弹出的列表中点击"手机访问"（见图 8-17）。

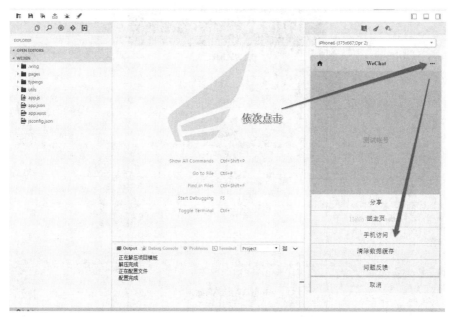

图 8-17　点击"手机访问"

用手机微信扫码，如图 8-18 所示。

图 8-18　用手机微信扫码

手机微信端的预览效果如图 8-19 所示。

图 8-19　手机微信端的预览效果

以上程序内容的开发方法与本书中介绍的 TypeScript 完全一致。

8.3　接下来做什么

在本书的最后，再一次重复：游戏开发是一门多学科交叉的工作，如果读者关注每年的游戏开发者大会就会发现，不论是图形、图像、人工智能还是跨平台开发，都有相当丰富且有深度的内容需要探索和学习，而本书涉及的内容仅仅是诸多领域中的开端。面对这么多的内容，我们衷心地希望读者不要被诸多书籍和专业术语吓退，而是能对游戏开发这件事充满热情与兴趣，不断地在实践中学习、积累，同时保持开放的心态，在网络、沙龙中结交朋友，增进交流，以便保持快速学习的状态和对行业的把握。